现代水声技术与应用丛书
杨德森 主编

海洋混响建模与仿真

吴金荣 马 力 著

科学出版社
龙门书局
北京

内 容 简 介

本书系统地介绍了海洋混响的形成机理、理论建模和数值仿真方法；对浅海、深海和倾斜海底等三类不同地形海域的海洋混响特性进行了建模、仿真和海试数据分析；根据引起混响非均匀性的不同表征方法，考虑了基于经验散射函数和基于物理散射模型的两种混响建模方法，兼顾了高频和低频的情况，介绍了多种海洋混响模型；基于模型对混响特性进行了仿真分析。针对主动声呐信号处理及相关研究的需求，最后介绍了混响信号波形的常见仿真方法。

本书适合从事水声物理、水声信号处理、水声工程等领域研究和学习的科研人员、教师、研究生、高年级本科生阅读。

图书在版编目（CIP）数据

海洋混响建模与仿真 / 吴金荣，马力著. —北京：龙门书局，2023.12
（现代水声技术与应用丛书 / 杨德森主编）

国家出版基金项目

ISBN 978-7-5088-6377-1

Ⅰ. ①海⋯ Ⅱ. ①吴⋯ ②马⋯ Ⅲ. ①海水－水声混响－系统建模 ②海水－水声混响－系统仿真 Ⅳ. ①P733.21-39

中国国家版本馆 CIP 数据核字（2023）第 246100 号

责任编辑：王喜军 纪四稳 张 震 / 责任校对：王 瑞
责任印制：徐晓晨 / 封面设计：无极书装

科 学 出 版 社 出版
龍 門 書 局
北京东黄城根北街 16 号
邮政编码：100717
http://www.sciencep.com
三河市春园印刷有限公司 印刷
科学出版社发行 各地新华书店经销

*

2023 年 12 月第 一 版 开本：720×1000 1/16
2023 年 12 月第一次印刷 印张：11 1/4 插页：4
字数：233 000
定价：108.00 元
（如有印装质量问题，我社负责调换）

丛　书　序

海洋面积约占地球表面积的三分之二，但人类已探索的海洋面积仅占海洋总面积的百分之五左右。由于缺乏水下获取信息的手段，海洋深处对我们来说几乎是黑暗、深邃和未知的。

新时代实施海洋强国战略、提高海洋资源开发能力、保护海洋生态环境、发展海洋科学技术、维护国家海洋权益，都离不开水声科学技术。同时，我国海岸线漫长，沿海大型城市和军事要地众多，这都对水声科学技术及其应用的快速发展提出了更高要求。

海洋强国，必兴水声。声波是迄今水下远程无线传递信息唯一有效的载体。水声技术利用声波实现水下探测、通信、定位等功能，相当于水下装备的眼睛、耳朵、嘴巴，是海洋资源勘探开发、海军舰船探测定位、水下兵器跟踪导引的必备技术，是关心海洋、认知海洋、经略海洋无可替代的手段，在各国海洋经济、军事发展中占有战略地位。

从 1953 年中国人民解放军军事工程学院（即"哈军工"）创建全国首个声呐专业开始，经过数十年的发展，我国已建成了由一大批高校、科研院所和企业构成的水声教学、科研和生产体系。然而，我国的水声基础研究、技术研发、水声装备等与海洋科技发达的国家相比还存在较大差距，需要国家持续投入更多的资源，需要更多的有志青年投入水声事业当中，实现水声技术从跟跑到并跑再到领跑，不断为海洋强国发展注入新动力。

水声之兴，关键在人。水声科学技术是融合了多学科的声机电信息一体化的高科技领域。目前，我国水声专业人才只有万余人，现有人员规模和培养规模远不能满足行业需求，水声专业人才严重短缺。

人才培养，著书为纲。书是人类进步的阶梯。推进水声领域高层次人才培养从而支撑学科的高质量发展是本丛书编撰的目的之一。本丛书由哈尔滨工程大学水声工程学院发起，与国内相关水声技术优势单位合作，汇聚教学科研方面的精英力量，共同撰写。丛书内容全面、叙述精准、深入浅出、图文并茂，基本涵盖了现代水声科学技术与应用的知识框架、技术体系、最新科研成果及未来发展方向，包括矢量声学、水声信号处理、目标识别、侦察、探测、通信、水下对抗、传感器及声系统、计量与测试技术、海洋水声环境、海洋噪声和混响、海洋生物声学、极地声学等。本丛书的出版可谓应运而生、恰逢其时，相信会对推动我国水声事业的发展发挥重要作用，为海洋强国战略的实施做出新的贡献。

在此，向 60 多年来为我国水声事业奋斗、耕耘的教育科研工作者表示深深的敬意！向参与本丛书编撰、出版的组织者和作者表示由衷的感谢！

中国工程院院士　杨德森

2018 年 11 月

自　序

海洋混响是海洋环境各类非均匀性引起的散射声波在接收处的总和,大到海底山脉,小至灰尘尺度大的粒子,都可以引起声波散射而产生混响。海洋混响产生过程包括声波的发射、传播、散射、反向传播、叠加等,同时海洋混响信号中还包含了海洋环境背景噪声,因此海洋混响是水声学研究的典型综合示例。对于主动探测,海洋混响是一种严重的干扰,由于混响信号的存在,目标信号淹没在强混响信号中,产生探测盲区。但是对于海洋环境遥感、大规模海洋生物探测等,海洋混响又是有用的信号,因为混响形成过程中携带着各种海洋环境要素的信息,可以利用混响信号反演海面、海底、水体等环境参数。

在众多水声学相关的专著中都有关于海洋混响介绍的章节,但作者未查阅到系统介绍海洋混响理论知识的书籍。为此本书系统地给出海洋混响形成机理及混响特性常用建模方法,根据浅海、深海、过渡海区等海域的特点,分别给出不同海域混响特性建模方法及仿真结果。最后根据主动声呐信号处理研究的需要,介绍混响波形的仿真方法。

海洋混响信号是具有某些确定特性的随机信号,基于当前海洋混响研究,本书涉及的海洋混响模型主要是考虑混响信号多样本平均之后具有确定性的特性模型,而对于既能准确描述海洋混响确定特性,又能反映其随机性的海洋混响模型还有待于未来的研究。

感谢我的硕士研究生导师杨士莪院士,杨院士手把手教会了我如何开展海洋混响特性研究,从建模、仿真、验证到应用,每个环节都离不开杨院士的指导。同时感谢我的博士研究生导师尚尔昌教授和高天赋教授,尚教授指导我深入开展海洋混响研究,逐渐明晰了海洋混响物理图像;高教授除了在海洋混响研究方面对我进行具体的指导,还从科学、技术、未来发展等不同角度,梳理出海洋混响乃至水声研究脉络,使我受益终身。还要感谢我的学生侯倩男、王升、陈尚权、殷丽娟、陈健等,他们的学位毕业论文研究了不同条件下的海洋混响模型。

限于作者的水平,书中挂一漏万,疏漏或不足之处在所难免,欢迎读者批评指正。

吴金荣

2023 年 4 月于北京中关村

目　　录

第1章 绪　　论

1.1　背景知识综述

海洋本身及其上下界面包含着许多不同类型的不均匀性，其尺度小至灰尘，大至海水中的鱼群和海底的峰峦与海底山脉。这些不均匀性形成介质物理性质上的不连续性，因而就阻挡照射到它们上面的一部分声能，并把这部分声能再辐射出去。这种声的再辐射称为散射，而来自所有散射体的声波散射成分的总和称为海洋混响。海洋混响声听起来像一阵长的、慢慢变弱的、颤动的声响，它紧跟在主动声呐系统的发射脉冲之后，在高功率和（或）指向性低的系统中比较常见[1]。

混响和噪声一样，都是水下主动声呐系统作业时的背景，但是混响有很多区别于噪声的特性[2, 3]，最主要的特性就是混响是声呐自身产生的，因此混响的频谱特性和发射信号的频谱特性相似，混响强度随水平距离和发射信号强度的变化而变化。而噪声则不同，它是由海洋中各种噪声源产生的，在局部海域与水平距离相关性小，与主动声呐发射信号无关。

根据产生混响散射体的不同，可以将混响分为三类：海面混响、海底混响和体积混响。产生海面混响和海底混响的散射体都是二维分布的，称为界面混响；而产生体积混响的散射体则为海洋生物、海洋中分布的无机物和海洋水体介质的细微结构特征等，它们都是三维分布的。

根据混响信号的时间和空间相关特性可以将海洋混响分为漫散射混响和小面散射混响[4]。漫散射混响主要是由海洋波导中的小尺度、随机分布的散射体产生的（如海面/海底粗糙度和海底不均匀性等）。小面散射混响主要起源于海底和浅层海底介质性质的突变（如海底山和海底断层等），该类混响比漫散射混响强度大，与原始信号的相似度更高，在信号分析中被看成假目标，在水声研究中通常称为杂波。由于随机特性，漫散射混响的时空相关特性很差，小面散射混响的时空相关特性则很好。

根据原始信号的频率，可以将海洋混响分为低频混响（1kHz 以下）、中频混响（1～10kHz）和高频混响（10kHz 以上）。

根据混响产生海域的特点，可以将海洋混响分为浅海混响、深海混响、倾斜海底混响和冰下混响等。

本书重点讨论漫散射混响，下面分别介绍体积混响和界面混响的研究概况。

1.1.1　体积混响

海洋中引起体积混响的主要散射体通常认为是海洋浮游生物[5]。不同的海洋浮游生物影响着主动声呐不同频段的探测，在 2～10kHz 频段，主要散射体是带有不同气泡的各种类型的鱼。从声学的角度讲，不同大小的气泡将会与不同的频率产生共振，继而发生散射，并产生混响。

Saenger[6]给出了 1～15kHz 频段体积混响的模型，其深度变化是季节生物声常数、平均密度剖面及其梯度和声频率的函数。体积散射强度也和季节有关。

Love[7]建立了依赖于鱼分布数据的体积混响模型，后来他又继续发展了这种模型[8]。1988 年和 1989 年，Love 所在的课题组分别在挪威海和北大西洋开展了中心频率为 800Hz～5kHz 的体积混响测量，发现体积混响主要是由带有相对大气泡的鱼群引起的，有鱼层的散射强度可以写为

$$S_L = 10\lg \sum_{i=1}^{n} \sigma_i(f) \times 10^{-4} \tag{1-1}$$

式中，n 为层中鱼的数目；$\sigma_i(f)$ 为给定频率 f 上单条鱼（cm^2）的声散射截面。

下面分别介绍三种特殊的引起体积混响的散射结构。

1. 深水散射层

体积散射强度的测量结果显示：体积散射强度随着深度的增加而减小，这和海洋中的生物分布刚好一致。但是，在某个深度上体积散射强度经常有明显的增大。引起体积散射强度明显增大的水层称为深水散射层（deep scattering layer，DSL）。

深水散射层在深度上具有明显的迁徙特性。白天往往要比晚上深，在日出和日落时变化非常快；在中纬度地区，深水散射层往往分布在 180～900m 的深度；在北冰洋，深水散射层主要分布在冰下。

Greene 和 Wiebe[9]报道了用高频（420kHz）多波束声测量较大浮游生物和微小浮游生物的目标强度分布。他们的结果和海洋声散射图是一致的，在这个频率上，大部分目标的散射强度都在–70～–62dB。

2. 水平散射层

海洋中的一些散射体，如深水散射层或海面下的气泡层，就是一个有厚度的水平散射层。这种水平散射层引起的层混响很容易考虑为边界混响。但是当层的厚度无限大时，就变为一个柱体，这时的散射强度认为是柱体散射强度。它可以用爆炸声源和声呐浮标来测量[3]。

3. 垂直散射体

浮游生物容易形成水平分布，并形成散射层。但是在一些特定的海域，从海底泄漏的天然气或液体会形成垂直散射体，这种散射体在 10～1000kHz[10]频段能被探测到。还有些海底山脉也会形成垂直散射体，夏威夷群岛的汉考克（Hancock）海山就是其中的一个例子，这个垂直散射体的高度达到 300m。这些海底泄漏或垂直散射体同时还会吸引不同的海洋生物，这就更加增强了其垂直散射特性。

1.1.2 界面混响

1. 海面混响

海面粗糙度和气泡使海面变成一个有效而又复杂的散射体。海面散射强度典型的测量方法是：用一个无指向性的声源（通常用爆炸声源）和水听器阵列或指向性声呐来完成，通过波束形成可以获得不同角度的散射声场数据。研究发现，海面散射强度和掠射角、声频率和海面粗糙度有关。海面粗糙度一般用海面的风或波高来描述。测量结果显示海面散射强度在低频和小掠射角时有很强的频率特性，在高频和大掠射角下随频率的变化变得不明显。

Chapman 和 Harris[11]利用拖曳水平阵列和爆炸声源测量了海面散射声场，并且倍频分析了 0.4～6.4kHz 的海面散射强度，归纳总结了一个海面散射强度经验公式：

$$S_s = 3.3\beta \lg \frac{\theta}{30} - 42.2 \lg \beta + 2.6 \qquad (1-2)$$

$$\beta = 158(vf^{1/3})^{-0.58} \qquad (1-3)$$

式中，S_s 为海面散射强度（dB）；θ 为掠射角（°）；v 为风速（kn）；f 为频率（Hz）。

Chapman 和 Scott[12]后来证明了这些结果在 0.1～6.4kHz、掠射角在 80°以下都是正确的。

McDaniel[13]回顾了收发合置海面混响（频率为 200Hz～60kHz）物理建模的最新进展，考虑了三种海面混响声源：粗糙界面散射、共鸣气泡散射和气泡云散射。

在没有浅表层气泡的情况下，粗糙界面散射可以用复合粗糙模型来解释。这个模型根据风浪谱将粗糙度分为两类：大尺度粗糙度（利用 Kirchhoff 近似）和小尺度粗糙度（修改后的瑞利近似）。McDaniel[13]也根据频率划分总结了海面混响建模的最新进展。

高频混响（＞10kHz）：当掠射角大于 30°时，反向散射和粗糙界面散射理论一致，但是在小掠射角时，由于共鸣小气泡的存在会出现反常的高反向散射强度。在同样的风速条件下，浅海要比深海的反向散射强度大。这是由于浅海产生了大量的微小气泡。McDaniel[13]同时也观测到大量的反向散射测量都可以用Chapman-Harris[11]经验公式预报。

低频混响（<1kHz）：反向散射和高频散射观测到的现象明显很相似，但是低频散射的物理过程和已有的数据却很难吻合。

关键海域实验（critical sea test，CST）中，在风速1.5～13.5m/s、掠射角5°～30°的范围内，研究人员做了大量的低频（70～950Hz）海面反向散射测量。这些测量结果的分析在频率/风速域揭示了至少两种不同的散射机理。对于平静海面的高频散射和各种海况的低频散射，扰动理论可以充分解释这些现象。当气泡云被认为是散射过程的主要散射源时，Chapman-Harris经验公式可以描述更高频海面粗糙度散射。在过渡区域，都可以描述这两个散射关系，主要取决于海面和风速特性。

Ogden和Erskine[14]将扰动理论和Chapman-Harris经验公式联合起来，提出了计算海面总散射强度的公式：

$$S_{total} = \alpha S_{CH} + (1-\alpha)S_{pert} \tag{1-4}$$

$$S_{pert} = 10\lg\left(1.61\times10^{-4}\tan^4\theta\exp\left(-\frac{1.01\times10^6}{f^2U^4\cos^2\theta}\right)\right) \tag{1-5}$$

式中，S_{pert}为利用扰动理论获得的海面散射公式；S_{CH}为Chapman-Harris经验公式，见式（1-2）；

$$\alpha = \frac{U - U_{pert}}{U_{CH} - U_{pert}} \tag{1-6}$$

其中，U_{pert}为扰动理论适用风速的上界；U_{CH}为Chapman-Harris经验公式适用风速的下界。

式（1-4）的使用范围是：掠射角θ小于40°，风速U小于20m/s（在海面上方19.5m测量），频率f为50～1000Hz。

对于实际的应用，Ogden和Erskine给出了海面散射强度公式的适用范围（图1-1）。图1-1中斜线区可以用Chapman-Harris经验公式描述，空白区可以用扰动理论描述，中间过渡区可以用式（1-4）描述。图1-1中的下边界可以分为两段：240～1000Hz，可以用$y=7.22$来表示，100～240Hz，可以用$y=21.5-0.0595x$来近似表示。上边界可以用式（1-7）表示：

$$y = 20.14-0.0340x + 3.64\times10^{-5}x^2 - 1.330\times10^{-8}x^3 \tag{1-7}$$

Ogden和Erskine[14]进一步推广了他们的海面散射函数，使之包括了一些环境参数（主要是风速）。相关的工作还有关键海域实验中70～1500Hz、掠射角25°～

50°的海底反向散射强度。在关键海域实验 60～1000Hz 海面反向散射分析中，不能和理论值相对应的部分被认为是海面浅表层气泡云的贡献。

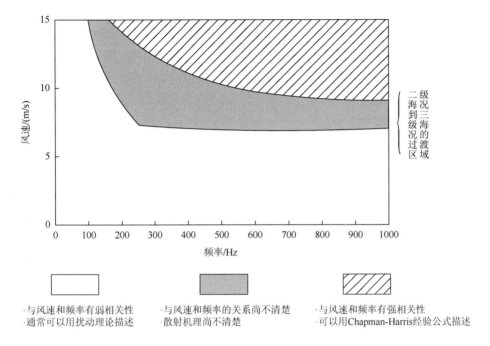

图 1-1　海面散射强度公式的适用范围

2. 冰下混响

主动声呐在冰下探测，定位和目标分类被冰产生的混响和大的冰脊特性所掩盖。海冰是北冰洋海域混响的主要声源[15]，对于 3kHz 没有融化的冰下混响，其和同样频率无冰情况下的 30kn 海面粗糙度产生的混响相当。

北极地区的混响受到具有鲜明特征的极地地区水文分布规律的影响，可以分为两大类：冰-水界面散射引起的混响和水体中浮游生物引起的体积散射。尽管北极地区气温较低，加之上表面的冰层覆盖使得水中光照不足，北冰洋地区中水体的浮游生物量处于较低的水平，但在夏季冰层消融，气温回升，大量的浮游生物还是会出现在富有营养的极地海域。因此，以浮游生物为主的深水散射层引起的深海水体体积混响在北极地区还是存在的，只是和其他深海大洋中深水散射层引起的体积散射强度相比一般要弱 15～20dB，尤其是在夏季的极地海区，在水下 25～200m 范围内会存在着比较稳定的以浮游生物为主的散射层。北极地区的这种散射层引起的水体散射具有明显的季节性特点，夏季明显存在，以秋分为显著节点，随着日照的不足和气温的降低，至冬天几乎消失。

极地冰区上表面覆盖的冰层引起的反向散射与冰层的类型和粗糙起伏程度高度相关,这方面的研究始于 20 世纪 60 年代。早期开展的关于 40Hz～10kHz 频段范围内的散射强度测量表明不同的冰层覆盖条件导致的混响差异巨大。Marsh 和 Mellen[16]根据 1958～1962 年进行的系列爆炸声源实验数据,分析了散射强度与受冰下表面粗糙度和频率影响的掠射角之间的一般规律,并指出由海冰引起的混响级比无冰海面要高 40dB 以上。Brown[17]和 Milne[18]通过对北冰洋两个地点在一年中不同时间内观测数据的分析,发现覆冰海区的散射强度随频率和掠射角的增大而增强。Burke 和 Twersky[19]将冰脊表述为半柱椭圆刚体并建立了描述冰下混响的 Burke-Twersky 模型。Diachok[20]将 Burke-Twersky 模型用于冰下前向散射研究中。Bishop[21, 22]通过对冰下表面大尺度三维结构的研究建立了高频(不小于 10kHz)的水下混响模型。

20 世纪 90 年代后,Yang 和 Hayward[23-25]在挪威格陵兰海利用 CEAREX 89 实验数据,对不同距离的低频北极混响开展了研究工作:针对短程(小于 3km)的直接冰下表面反射混响,比较了测量散射强度与 Burke-Twersky 模型数据的差异,证明了在低频段(24～105Hz)当掠射角小于 20°时,测量散射强度与模型规律相吻合;对于中程(5～20km)的冰下表面和海底混合混响,研究了基于垂直阵列的冰下表面和海底混响分离方法,并分别验证了低频冰下混响和海底混响与相关模型的吻合度;对于远程(20～200km)的甚低频(10～50Hz)混响,建立了基于简正波的北极混响模型,通过测量数据验证了模型的合理性,并指出有效的混响强度取决于声源的深度。LePage 和 Schmidt[26]同样利用 CEAREX 89 实验中的二维水平阵列数据,进行了北极混响空间统计特征的研究,发现其具有高度的相关性,并通过弹性扰动量化方法反演了冰盖粗糙度的空间统计参数。

由于海冰厚度、界面的随机特性,北极区域声波传播伴随明显的混响。早期 LePage 和 Schmidt[27]也开展了基础散射数值研究。位于意大利的北约水下研究中心的 LePage 一直从事混响研究,也是北极声传播混响的主要研究者,与 Duckworth 等[28]合作讨论了 1992 年获取的混响数据的时间序列及其散射角度特性,结果表明,10～70Hz 内单站反向散射强度与频率、角度的平方基本成正比,掠射角为 8.5°、40Hz 时反向散射强度为–47dB。Frank 和 Ivakin[29]利用微扰法给出了极地远程混响和冰水粗糙界面的关系,并分析了冰的厚度与弹性系数对混响的影响,仿真结果表明混响强度随着冰层厚度的增加而增加,弹性声场成分有增强混响强度的作用。

3. 海底混响

海底和海面一样,是声波的有效反射和散射体。散射不只在声源、散射体和水听器平面发生,还在平面以外发生。海底散射强度的相关性和海底粒子的尺度有关。根据海底沉积层的组成（沙、泥土、淤泥）可以对海底分类，海底分类和散射强度有关。例如，泥浆海底一般很平，并且和水比起来有较低的阻抗特性，而粗糙沙底则会很粗糙，和水比起来也会有很高的阻抗。对于不同类型的海底，测量的散射强度数据会有很大的差别，反映出海底沉积层声折射和反射特性的差异。

当掠射角小于 45°时，Lambert 散射定律可以给出深海海底散射强度和掠射角关系很好的近似。Lambert 散射定律参考了声和光在粗糙界面上散射的角度关系，根据 Lambert 散射定律，散射强度和掠射角正弦的平方成正比。MacKenzie[30]分析了深海两个频率（530Hz 和 1030Hz）的混响测量数据，发现散射声满足 Lambert 散射定律：

$$S_B = 10 \lg \mu + 10 \lg \sin^2 \theta \qquad (1\text{-}8)$$

式中，S_B 为海底散射强度（dB）；μ 为海底散射常数；θ 为掠射角（°）。两个频率上 $10 \lg \mu$ 都是-27dB，这个值被其他大量的实验数据所证实。

美国海军研究办公室（Office of Naval Research，ONR）组织了一次美国海洋混响专项（Acoustic Reverberation Special Research Program，ARSRP）[31]，作为 ARSRP 的一部分，ONR 将大西洋山脊以北的一个海域作为天然实验室。之所以将这个海域设为天然实验室，是因为这一海区有陡峭的岩石倾斜，海底表面下地质结构和沉积层结构给海底混响研究提供了各种海底特性。其采集的单双站海底混响数据和研究人员建立的单双站混响模型预报结果吻合得很好。

Ellis 和 Crowe[32]综合 Lambert 散射定律和基于 Kirchhoff 近似得到的粗糙界面散射函数，提出了适用于收发分置混响计算的通用三维散射函数。新的散射函数在通用声呐模型[33]（generic sonar model，GSM）中的收发分置版本中得到了验证，无疑是散射函数的一大进步，它包括了方位角关系、分离近似和半角近似。

在深海远距离声传播问题上，声波和海底的相互作用都是在临界角以下，在光滑玄武岩表面和小掠射角条件下，水中声能量的大部分都会被反射。而且，散射函数与掠射角的关系将会很简单，可以用 Lambert 散射定律来描述。但是，如果海底是平坦玄武岩，那么观察到的散射函数和掠射角的关系将不会那么简单，散射函数在压缩波和剪切波头处可能会出现大的尖峰。为了研究这种非常规的现象，Swift 和 Stephen[34]利用包括海底界面下体积不均匀性的模型建立了散射模型。他们将这个模型应用到很多情况，当掠射角为 15°时，高斯波束的发射信号在这个角度上，由玄武岩组成的真实平坦海底会产生全内反射。但是，他们发现海底模型包含了 10%的速度扰动，这 10%的速度扰动会产生向上的散射能量。事实上，只有声能掠射角小于临界角时，海底能量泄漏才以渐消相位的形式损失，而且这样的能量只能穿透到几个波长厚。Swift 和 Stephen[34]还发现散射函数与海底压缩波、剪切波的声速梯度有关。如果海底没有声速梯度，那么海底传播能量就不会向上折射。因此，声能和海底声速的不均匀性相互作用，并且会产生大的散射。

Greaves 和 Stephen[35]发现海底几百米长的海沟影响但不决定散射强度。这就意味着陡峭海沟的其他特性，如海底地质的小尺度界面特性，会严重影响反向散射信号。Greaves 和 Stephen[36]通过分析 ARSRP 数据进一步发展了这项工作，他们分析了小掠射角粗糙海底和海底不均匀性的混响数据。

海底的植物也会使海底散射变得特别复杂。理论上，Shenderov[37]将海藻的散射认为是三维、弹性体、随机系统的声衍射，这个方法考虑了海藻的统计特性。

1.1.3 海底散射研究综述

从混响的物理产生过程来看，海洋混响主要包括声传播与声散射两个方面，混响研究也是紧随着两个方面研究的最新进展。水声传播模型的研究相对比较成熟，而声散射模型则处于发展阶段。对于混响建模，最关键的因素也就在散射模型的选择上。海面散射前面已经做了简单的总结，下面简单介绍海底散射研究的情况。

海底散射主要包括海底粗糙界面散射和海底非均匀介质体积散射两个方面，粗糙界面散射的研究有大量的文献报道，粗糙界面散射理论中，最基本的问题就是描述分开两个半空间粗糙界面对散射声场的作用[38]。散射声场的严格解可用 Helmholtz 积分理论来解决[39]，利用体积空间的边界场值给出体积空间中任意一点的散射声场值。这种积分方程可以数值计算任意粗糙界面的散射声场，粗糙界面的统计特性与散射声场统计特性的关系可以用蒙特卡罗方法给出。尽管这种方法可以给出散射声场的严格解并且为其他散射理论提供参考，但是它的计算量非常大，不是很实用。因此，人们开始考虑近似方法，两种经常用到的方法是 Kirchhoff 近似和 Rayleigh-Rice 方法。Rayleigh-Rice 方法基于微扰近似，它认为粗糙界面是平坦平面上的扰动，然后计算散射系数；Kirchhoff 近似主要针对大尺度的粗糙界面，它认为粗糙界面足够平滑，以至于界面任何一点的正切平面都可以决定该点的反射特性。也有一些工作将这两种方法综合到一个散射模型中，小尺度粗糙界面散射用 Rayleigh-Rice 方法，大尺度粗糙界面散射用 Kirchhoff 近似。粗糙界面散射的理论工作和实验研究的综述可以在文献[40]、[41]中找到。

Kirchhoff 近似中，假设粗糙界面每一点斜面的曲率都比声波的波长小。数学表示就是 $ka\cos\theta \gg 1$，其中，k 是声波的波数，a 是表面的曲率半径，θ 是掠射角。粗糙界面被认为是局部平坦的，因此入射波大部分向镜面方向散射。该近似方法将粗糙界面近似分割为若干个微小的平坦平面，利用所有平坦平面的反射声场叠加形成总的散射声场。Kirchhoff 近似最大的好处就是对粗糙界面的高度与倾斜度没有限制，只需要倾斜度变化较慢。

小尺度粗糙界面散射问题可以利用微扰法（method of small perturbation，MSP）来解决。声场分解成相干声场和散射声场两部分，粗糙界面的边界条件利用 Taylor 级数在平坦平面处展开，粗糙界面的高度很低。若粗糙界面的高度和声波波长相比很小，则保留一阶小量。通过最终表达式可以发现散射声场和相干声场由散射引起的损失。

Bass 和 Fuks[42]关于粗糙界面散射的理论工作中，利用阻抗界面描述粗糙界面，为 Kudrashov[43]和 Kryazhev 等[44]的工作提供了方法基础。他们假设粗糙度起伏很小，阻抗边界条件被扰动处理，进一步获得散射场的表达式。这种方法的主要缺点就是阻抗边界条件只是一层边界条件，不能解决多层粗糙界面的散射。Kuperman 和 Schmidt 推广了 Bass 和 Fuks 的工作，使微扰法能够计算多层粗糙界面的散射问题[45-48]。

还有很多其他粗糙界面散射理论。在分析散射声场数据时，经常用到 Lambert 散射定律。Lambert 散射定律实际上是拟合散射数据的经验公式，对于高频情况适用。它预报的散射模式是正弦模式，最大散射方向在粗糙表面的正入射方向。但是 Lambert 散射定律不能解释小掠射角散射和镜向散射现象[49]。后来人们提出了粗糙小面散射模型，这个模型中，粗糙界面被认为是由很多平坦小面组成的，每个小面的反射特性都已知。Twersky[50]阐述了散射问题的建模方法，认为散射来自平坦平面上分布的散射体，这些散射体可以是任意的形状，每个散射体的散射都是可计算的，这种理论考虑了散射体之间的多次散射。Tolstoy[51]也发展了类似的散射理论，他假设液态-液态表面上分布着多个半球，每个半球散射的叠加即可获得散射声场。这类散射理论的最大缺点就是模型的物理意义不够明确。

现在海底粗糙界面散射和沉积层不均匀体积散射的关系还很模糊，一些研究者认为沉积层不均匀体积引起的反向散射可以对整个海底反向散射作很大的贡献，特别是平坦海底、低频、小掠射角的情况。从 20 世纪 60 年代开始，为了澄清海底沉积层散射机理，并预报散射信号的强度，学者提出了大量的模型。

Stockhausen[52]认为海水-沉积层界面平坦并且可折射（有全内反射效应），均匀沉积层内有固体球形粒子可以散射声能，在这个假设的基础上推出了体积反向散射强度的表达式。认为小粒子是不相关的点散射体，利用了 Morse 和 Ingard[53]的表达式，这个表达式对于球尺度远远小于波长时有效。在该模型中，Stockhausen 利用单体积散射截面表示了所有散射过程，而没有继续讨论其他物理机理。

Nolle 等[54]提出了体积散射模型，在单位体积内随机分布散射振幅的基础之上描述了沉积层体积的散射。散射强度假设成以一个平均值为中心，具有一定偏离的随机数。为了简化，认为散射自相关函数有指数衰减的形式。Nolle 等[54]还在实验室完成了模型验证实验，实验中利用平坦的沙底作为沉积层，并且将他们的模型和实验数据做了比较。研究表明全反射角以内，他们的模型解释散射现象还是很困难的。

Crowther[55]在他的海底反向散射模型中包含了粗糙界面和体积不均匀性，并且利用 Kuo[56]的公式来解释两个各向同性液体粗糙界面的反向散射。Crowther 推广了 Nolle 等的模型，他认为阻抗扰动的相关函数应该是椭圆指数，这样就可以解释散射的各向异性。但是他的模型和 Nolle 等的实验室反向散射数据比起来也存在没法解释全反射角以内的散射问题。如果没有相关函数具体形式，用这个模型预报散射的频率特性等性质是不合理的。

Morse 和 Ingard[53]假定一个自由空间，认为体积散射是由可压缩性和密度扰动引起的。他们的方法至今仍是体积散射建模的可行方法之一。

在海试实验测量中获得的反向散射系数有一些奇异的特性。例如，在 1～100kHz 的频率范围内，掠射角在 5°～50°内，反向散射系数和掠射角的正弦成正比。为了解释这一现象，Ivakin 和 Lysanov[57]提出了海底散射统计模型，认为散射主要来自介质的各向异性随机不均匀性（折射率的扰动）：在沉积层中有水平面的大尺度现象和深度上的小尺度现象。他们用 Born 近似导出等效平面散射系数的表达式，前提条件是衰减系数正比于频率，并且不均匀性的功率谱和波数的三次方成反比。这个散射系数就和频率无关。同时，他们将一维（水平相关系数）模型推广到二维、多维模型中，以此解释不同区域水平相关系数的变化。他们认为从海水到充满海水的沉积层的声速和密度变化可以忽略，因此忽略了界面散射效应。这个模型和实验数据吻合得非常好。

在以后的论文中，Ivakin 和 Lysanov[58]修改了他们的模型以解释界面粗糙度效应。他们用 Kirchhoff 近似来说明粗糙界面反向散射的情况，详细地研究了界面粗糙度对体积反向散射截面的影响：对于低声速或没有反射的海底，体积散射和海底界面粗糙度无关；但是对于高声速海底，粗糙度的影响在全反射角以内（小掠射角）是非常大的。物理上认为，后一个结果的原因是：粗糙界面在小掠射角时增加了进入海底介质的能量，因此体积不均匀性散射能量也会增加。他们强调了体积不均匀性和海水-海底界面粗糙度引起散射的不可叠加性，这和其他科学家的观点不同，其他科学家认为这两类散射是不相关的。

Ivakin[59]又一次将他的散射模型从体积不均匀性推广到分层海底的情况，声参数随机空间扰动的相关函数认为是水平分层的，每一层都是均匀的或半均匀的。模型允许声速和密度随深度有大的变化，他研究了声速和密度线性增加或线性减小的情况，结果和实验数据吻合得非常好。

Jackson 等[60]研究了高频（10～100kHz）海底反向散射模型，应用了联合粗糙度近似方法来研究界面粗糙度散射。为了包括体积散射的贡献，他们应用

Stockhausen 的公式，并且用等效平面反向散射系数来解释体积散射。Jackson 等的方法忽略了界面粗糙度散射和沉积层不均匀性散射之间的关系，这和 Ivakin 与 Lysanov 的模型是不一样的。Jackson 等的方法还忽略了多次散射。和两组数据比较后表明：在软沉积层，除了垂直入射和比临界角小的掠射角情况，沉积层体积散射比粗糙界面散射更为重要，而对于沙底，粗糙界面则比体积散射重要。但是，体积散射参数只是从模型数据比较中得到的，和沉积层的性质没有关系。

Mourad 和 Jackson[61]总结了 Jackson 等前期的模型，并且在界面边界条件中包括了沉积层的声吸收，建立了沉积层散射特性模型，该模型忽略了一些参数，如声速和密度梯度，通常认为对沉积层散射有很大影响的参数没有包含在此模型中。

后来，Mourad 和 Jackson[62]将声速梯度包含到他们的低频（100～1000Hz）散射模型中。体积散射和 Ivakin[59]的模型非常相似，他们认为沉积层中不相关的无指向性点散射源引起了声音的反向散射。模型将反向散射强度的振荡和沉积层中的声场联系在一起，并且提出整个海底的反向散射由沉积层的体积散射控制，如强烈分层。他们同时讨论了用无指向性声源和水听器测量法向入射附近海底散射强度可能会出现的误差。

Hines[63]发展了一个类似 Ivakin 的模型的反向散射模型，继承了 Chernov[64]的工作，并且应用了 Born 近似和远场假设。他的模型中声能的反向散射主要是由沉积层中的声速和密度扰动引起的，将这种扰动归结为多孔性的扰动。旁侧波的影响首次在这个模型中被考虑，Hines 试图解释小掠射角散射实验中观测到的现象。假设相关函数是指数衰减的，模型和一些公开的实验数据吻合得很好。但是相关函数的先验知识和孔隙的变量在模型预报时需要提前知道；另外，将入射球面波分解为折射平面波和衰减波的方法是有争议的。后来，他将模型推广到收发分置的情况。

Tang 和 Frisk 在他们的一系列论文中详细地讨论了随机分层情况，将声速认定义一个确定量加一个随机成分[65-67]。对于声速扰动引起的散射，用微扰法发展了一个自谐的体积散射模型，计算了包括散射损失的相干场反射系数。有趣的是，散射场的空间相关长度可以用来推测散射体之间的相关长度，这就给海底参数反演提供了一个方法，可以用多个水听器来测量散射场，再反演海底参数。同时又考虑了散射体的各向异性，除了考虑界面粗糙度和体积不均匀性的联合影响，他们还试图解决近场低频散射问题，因为远场假设不适合所有情况。

Lyons 等[68]发展了 Jackson 等[60]的海底反向散射模型。除了联合界面散射模型和 Stockhausen 的体积散射模型之外，还考虑了随机不均匀性介质的散射和介质深部界面的散射。他们计算随机不均匀性介质散射的方法和 Hines 的工作类似，是对压缩性和密度的变化建立的模型。为了各向异性体积散射建模，允许相关函数可以在水平方向和垂直方向有不同的相关长度。

Yamamoto[69]用和 Chernov 相同的方法来对沉积层的密度和声速扰动进行建模。上述扰动是由功率谱分布函数来确定的，参数用层析术来估计。模型和数据吻合得很好，但是对于高声速海底、小掠射角的情况，该模型不适用。浅海波导中体积散射模型可以在 Ellis 等[70]、Tang[71]、Tracey 和 Schmidt[72]、LePage 和 Schmidt[73]的工作中找到。

　　在实验方面，早期海底反向散射的研究主要用无指向性声源和水听器，MacKenzie[30]在 1961 年给出了第一个深海测量结果，声源和水听器置于海面附近，他发现海底反向散射强度在掠射角在 30°～90°时符合 Lambert 散射定律，散射常数（MacKenzie 系数）的值为–27dB，频率在 530Hz 和 1030Hz 这两个值上都没有变化。1968 年，Merklinger[74]报道了他用一个水听器和爆炸声源在海底附近的实验结果，实验数据分析表明海底结构引起的混响对整个海底混响有非常重要的贡献，这就表明海底介质不均匀性对海底反向散射场预报的重要性。

　　由于实验技术的发展，后来的实验用了指向性声源和指向性水听器来获得海底散射数据。Boehme 和 Chotiros[75]做了小掠射角频率范围为 30～95kHz 的反向散射研究，并且发现掠射角为 2°～10°时满足 Lambert 散射定律。Preston 等[76]利用拖曳水平阵列和悬挂的垂直阵列来测量海洋海底混响，他们发现强反向散射区和海底地形特征有关。Hines[77]在索姆深海平原海域将声源和水听器放到平坦海底附近做了实验，他们的声阵有一个无指向性水听器和一个环形发射换能器，该声源具有垂直指向性。不同的海底类型观测到了不同的反向散射特性。Jackson 和 Briggs[78]用一个拖曳平台，平台上有平面阵列，在三个不同区域研究了高频海底反向散射，研究发现三个地方有两个地方沉积层体积散射占主导地位。

1.2　浅海混响模型研究进展

　　在美苏冷战结束以后，国内外对浅海混响研究已有大量的理论与实验成果。通常认为在负梯度声速剖面环境下，浅海混响主要由海底散射声场组成，海面散射和体积散射的作用可以忽略，对浅海混响的研究主要是关于海底混响。本节对浅海海底混响模型的研究进展进行梳理。

1.2.1　基于经验散射函数的浅海混响模型

　　利用经验散射模型建立的浅海混响模型，将混响形成、往返传播和散射三个环节分离，其中散射环节采用经验散射函数，声传播过程利用简正波、抛物方程、波束积分、射线等理论模型描述。

　　Bucker 和 Morris[79]基于简正波和经验散射函数提出了一种计算浅海远程混响

的方法。尚尔昌和张仁和[80]利用简正波分析了负梯度声速条件下的浅海远程混响，以及混响强度的空间相关特性，通过对浅海远程混响进行了系列计算及讨论，促进该模型进一步发展[81-83]。20 世纪 90 年代，Ellis 和 Crowe[32]将这一理论拓展应用至双基地浅海混响，将经验散射函数与一种海面散射函数结合，提出一种形式简单的适用于三维坐标系的经验散射函数，并利用实测混响数据对理论模型进行了系列验证。在非相干混响理论的基础上，李风华等[84-88]提出了一种相干混响理论，解释和预报了浅海低频混响的一种振荡现象。基于浅海远程混响理论模型，Zhou 等[89, 90]利用小掠射角散射形成的浅海混响数据反演了地声参数。

Zhang 等[91]提出适用于水平不变的分层浅海环境的射线简正波理论，射线简正波理论能够快速声场预报，且物理图像明晰，因而得到广泛应用。Ellis[92]利用射线-简正波近似方法，考虑各阶模态群速度的差异，分析了各阶模态相干或模态非相干叠加所得混响强度衰减趋势的结果。刘建军等[93]根据射线简正波理论给出收发分置声呐系统下的混响强度衰减和混响空间相关特性。

抛物方程方法是计算环境随水平距离、深度变化环境中低频声场的最佳方法[94]。双向抛物方程能够快速精确计算复杂环境中的混响声场，Tappert 和 Ryan[95, 96]利用双向抛物方程和经验散射函数给出了系列混响求解方法。为避免不必要的散射计算，Collins 等[97]利用能量守恒抛物方程和变量分离方法给出声速剖面随水平变化和垂直变化条件下的三维混响模型。

对于浅海高频近程混响，吴承义[98]应用经典射线理论对混响强度进行了建模，吴金荣等[99]利用射线理论计算了浅海环境下收发合置和收发分置两种情况下的平坦与倾斜海底混响强度衰减特性。利用这一理论，曹雨露等[100]分析了水体声速、脉冲宽度以及声源深度对海底混响强度衰减的影响。

经验散射函数表达方式简洁，实用性强，利用经验散射函数建模混响为后来的混响模型研究提供了理论框架，对于混响模型的发展起到了重要的推动作用。

1.2.2 基于物理散射的浅海混响模型

上述模型利用不同的声传播模型描述混响形成的往返声传播环节，这些混响模型实用，但由于将混响形成的三个环节分离，部分反映波导效应，缺乏对混响形成的物理机制的描述，不够严谨。另一个混响建模发展方向要明确反映混响形成的物理机制，将混响形成的三个环节完全用波动方程进行描述，利用一定的近似条件给出适用于不同环境下的混响声场描述。对于浅海海域的混响研究，代表性的近似方法主要有微扰理论和 Kirchhoff 近似。

在不平整表面的粗糙度不大且整个表面斜率足够平缓的条件下，微扰方法通过将粗糙表面的不平整性近似为平整表面上分布的"虚"源来精确描述散射过程。

20 世纪 80 年代，Ivakin 和 Lysanov[57]利用微扰理论求解了海底不均匀介质的声散射问题，后续 Ivakin[101]提出了一个包括海底粗糙界面散射和沉积层体积散射的统一模型。高天赋[102]和 Tang[71]基于 Bass 微扰理论开展了系列有关浅海混响场的研究，在这些工作的基础上，Shang 等[103]给出了浅海波导中海底粗糙界面反向散射声场及海底不均匀体积散射声场的解析表达式，基于微扰理论的全波动混响模型取得了大量的研究成果。Wu 等[104]将浅海简正波混响模型与浅海声能流混响模型结合，提出了一种新的声能流混响模型，新模型中只有三个环境参数描述海底散射，物理意义清晰且将混响形成的过程完全约束于波导方程中。Tang 和 Jackson[105]利用波数积分的 Green 函数给出时域上海底散射强度的全波动解。此外，Tang 和 Jackson[106]利用抛物方程给出适用于随距离变化波导环境中的混响声场模型，物理意义清晰且提高了混响声场计算速度。Wu 等[107]将一阶微扰理论应用至随距离变化的波导环境中，利用抛物方程描述波导环境中的 Green 函数，给出随距离变化的混响声场解析表达式。基于微扰理论建立的系列混响模型对推动理解浅海混响形成的物理机制起到了重要作用。

当粗糙表面高度不满足小瑞利参数的假设条件时，一阶微扰理论不再适用。对于坡度缓变的粗糙表面，即粗糙表面的局部曲率半径远大于波长时，Kirchhoff 近似适用于解释界面的散射过程。早在 1953 年，Carl[108]就将 Kirchhoff 近似应用于海面声散射研究，该模型后来主要应用于近垂向的海底反向散射。Dacol[109]将 Kirchhoff 近似用于弹性海底环境，并且之后在单基地[61]和双基地[110]条件下都得到了验证，Kirchhoff 近似也被用于提取粗糙海底参数和沉积层声学参数的反演问题[111-116]。

1.3 深海混响模型研究进展

考虑到深海海域的垂直尺度、边界条件和声速剖面等因素，一般使用射线理论描述深海混响声场的声传播过程。受近代历次战争中军事需求的推动，国外对深海混响的研究已经取得了系列成果。国内对深海混响的研究需求非常迫切，近年来开展了系列关于深海混响的研究，也取得了一些进展。

1.3.1 基于经验散射函数的深海混响模型

对于深海混响，经典的建模方法同样是利用经验散射函数。1961 年，MacKenzie[30]基于射线理论和经验散射函数解释了深海混响的形成机理，之后出现了一些较为成熟的深海混响计算程序，其中 Weinberg[117]给出的通用声呐模型是较为常用的一种。

郭熙业等[118]依据射线理论和经验散射函数，将海底划为网络模型，并建立了海底混响信号模型，通过仿真验证了模型的有效性。翁晋宝等[119]利用射线理论和经验散射函数计算了单基地深海混响，并通过实验数据进行了对比验证和分析。此后，王龙昊等[120]为分析深海大接收深度获取的混响信号，提出一种描述本地混响和异地混响强度的深海混响模型。通过将数值计算结果与实测数据对比对混响模型进行了验证和分析，部分仿真结果在图 1-2 中给出，图中虚线代表实测混响强度数据，实线代表数值计算结果。可以发现，峰值附近的数据吻合效果较差，这是由于该时间范围内的混响对应大掠射角散射过程，而该混响模型对小掠射角散射形成的海底混响预报较为准确，但不适用于大掠射角散射的情况[120]。

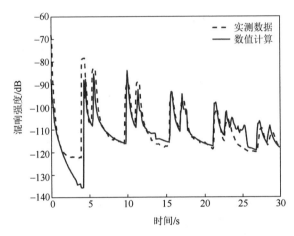

图 1-2   大接收深度混响强度数值计算与实验结果对比（彩图附书后）

1.3.2   基于物理散射的深海混响模型

现有的深海混响模型多数采用经验散射函数描述散射环节，物理意义不明确，且对于大掠射角散射形成的混响，模型预报结果往往与实测混响数据存在较大偏差。为进一步研究海底混响强度衰减特性，了解深海混响形成的物理机制，可以参照浅海全波动混响的建模思路和方法，将深海混响的往返传播和散射过程完全约束在描述波导散射场的 Green 定理中。对于粗糙界面的近似处理方法，微扰理论、Kirchhoff 近似和小斜率近似分别基于不同的假设条件给出散射声场，其中微扰理论适用于计算小掠射角散射，Kirchhoff 近似适用于近垂向大掠射角散射，小斜率近似在全掠射角范围都能拟合得很好。

在深海环境中，某一时刻到达接收点的多途声线分别对应的散射掠射角相差较大，这使得海底混响往往是不同掠射角散射声能量的叠加，因此需要建立同时适用于描述大掠射角散射和小掠射角散射过程的海底混响模型。为描述包含近垂向大掠射角散射过程以及小掠射角散射过程的混响声场，Jackson 等将海底混响等效为海底粗糙界面散射声场和体积散射声场的叠加，利用地声参数表征散射强度[62, 78]。1998 年，Williams 和 Jackson[110]假定海底散射为粗糙界面散射和沉积层体积散射作用的叠加，其中近垂向大掠射角散射过程采用 Kirchhoff 近似，其余掠射角对应的散射过程采用微扰理论，通过对两种散射模型进行光滑插值得到海底粗糙界面散射模型[110]。

在深海混响研究方面，国内取得了系列成果。Xu 等[121]根据声线多途时延，截取第一次海底反射到达接收器之后紧随的一段混响信号分析海底混响强度衰减特性并进行地声参数反演，图 1-3 引用了其中一种混响强度仿真结果，从图中可以看出，所利用的混响信号持续时间长度约为 0.26s。

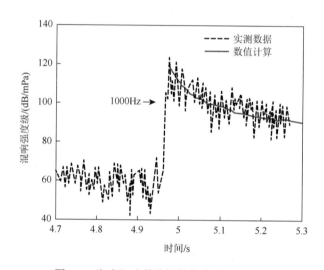

图 1-3　海底混响数值计算与实验结果对比

如前文所介绍，微扰理论和 Kirchhoff 近似均不能同时适用于描述大、小粗糙度两种散射条件，将两种方法结合或者采用双尺度模型时，粗糙界面连续谱会产生大、小尺度临界标准不唯一的问题，且临界标准的选择会影响最终计算结果。为解决这一问题，研究人员提出了多种方法，其中最为广泛采用的方法是小斜率近似，小斜率近似基于微扰理论和 Kirchhoff 近似并进行了改进，在无精度损失的前提下覆盖全掠射角范围的散射过程。

通过分析浅海混响建模发展趋势、总结目前深海建模研究现状，可以发现：混响建模发展趋势为由基于经验散射函数计算混响转向研究混响形成的物理机制，以完善模型的适用性，对于提高混响预报精度以及环境参数等信息的反演都有重要意义。浅海混响建模已相对完善，其中多数工作为研究小掠射角散射形成的浅海远程混响。对于深海混响，需要同时考虑大、小掠射角对混响强度衰减趋势的影响，因此建立适用于描述全掠射角范围散射过程的深海混响模型对深入分析深海混响衰减特性以及开展环境参数的反演等工作具有重要意义。

1.4　海洋混响与散射研究存在的问题及发展趋势

随着美苏冷战之后北约的战略重点由深海向浅海转移，浅海混响研究成为混响研究的重点。针对混响机理分析和混响特性建模，ONR 资助举办了多个混响研讨会，如 1999 年举办了浅海混响建模研讨会（Reverberation Modeling Workshop 1999），该会议归纳了浅海混响的主要产生机理，有海底粗糙界面、海底介质体积不均匀性、沉积层内波的粗糙界面、海底弹性特征、大尺度海底地形特性、大尺度海底介质特性等，提出混响信号中的杂波现象，成为当时的研究热点。

2006 年，ONR 召开了浅海混响建模研讨会（Reverberation Modeling Workshop 2006），讨论确定了 20 个浅海混响建模标准问题，考虑了二维和三维海面散射、海底粗糙界面散射、海底介质体积不均匀性散射、经验散射函数、不同水文剖面、不同海底地形等情况，用于建立混响模型研究的基准（benchmark）。2008 年，浅海混响建模研讨会（Reverberation Modeling Workshop 2008）中讨论了 2006 年提出的 20 个问题的答案，并比较了同一问题不同混响模型的预报结果，分析了不同混响模型的优劣。

2010 年，ONR 联合欧洲主要海洋混响研究国家在英国剑桥举办了声呐性能评估研讨会（David Weston Sonar Performance Assessment Symposium），该研讨会上，混响建模者将混响模型置于主动声呐模型中，使得混响距离实际应用越来越近。

2011 年 9 月，北约水下研究中心举办了宽带主动声呐杂波的识别和抑制（Characterizing and Reducing Clutter for Broadband Active Sonar）研讨会，并给混响研究者建议了针对主动声呐反潜训练的建模与仿真项目（Modeling and Stimulation for ASW Active Sonar Trainers）。

根据上面列举的美欧混响机理和建模研究工作可以看出浅海混响研究的发展趋势：低频混响研究主要针对低频主动声呐应用，使得主动声呐尽可能地避开混响和杂波的干扰，增强探测性能。

关于浅海海底混响和散射研究至今仍然存在很多问题[122]，这些问题可分为四类：①与海底界面有关；②与海底介质有关；③与海底界面及海底介质都有关；④与海底界面及海底介质都无关。这些问题的提出对深海及其他海洋海域混响研究都具有参考作用。

1.4.1　海洋混响与散射研究存在的问题

1. 与海底界面有关的混响和散射研究问题

与海底界面有关的混响和散射研究问题如下：
（1）海底粗糙界面是不是远程海底混响的主要起因？
（2）海底粗糙界面散射研究还存在什么问题？
（3）高的海底声阻抗比或剪切波比对散射是不是很重要？它们是否仅仅对传播损失有影响？
（4）离散散射体引起的混响重要还是海底漫散射引起的混响重要？
（5）在混响建模时，何时需要考虑弹性波/剪切波对混响的影响？
（6）大尺度的海底地形特性对远距离混响有多大的影响？
（7）粗糙界面散射模型认为粗糙度是各向同性的，这样的假设是否合理？

2. 与海底介质有关的混响和散射研究问题

与海底介质有关的混响和散射研究问题如下：
（1）海底介质的不均匀性对远程海底混响有多大影响？
（2）沉积层的扰动特性中，哪些性质对散射和混响作用更大？
（3）大尺度的海底介质特性对远程混响的作用有多大？
（4）怎样更好地测量混响和散射研究需要的海底地形和地声参数？特别是声速 c_p、密度 ρ、衰减系数 α 和相应的梯度。
（5）怎样测量或者估计海底介质的三维不均匀性？怎样将它们应用到理论模型中？
（6）浅海远程混响中的海底介质不均匀性引起的部分混响是不是在某一距离后会消失？如果会的话，这个距离是多少？
（7）是什么引起了散射强度的频率依赖特性？

3. 与海底界面及海底介质都有关的混响和散射研究问题

与海底界面及海底介质都有关的混响和散射研究问题如下：
（1）在浅海混响数据中有没有临界角效应？
（2）粗糙界面散射随频率的变化是不是很慢？是不是单调线性的变化关系？
（3）沉积层体积散射随频率的变化是不是单调线性关系（在 Bragg 频率附近）？
（4）低频小掠射角声渗透对粗糙界面散射的影响有多大？
（5）利用垂直线阵接收混响能不能将粗糙界面散射和体积散射分开？

4. 与海底界面及海底介质都无关的混响和散射研究问题

与海底界面及海底介质都无关的混响和散射研究问题如下：

（1）混响信号的杂乱是不是由非漫散射引起的？

（2）沉积层和沉积层下海底介质的粗糙界面对混响有多重要？怎样测量这个粗糙界面？什么样的实验能区分这个粗糙界面和其他因素引起的散射？

（3）地声参数的统计特性是怎样影响地形和声呐的测量精度的？

（4）在什么频率范围内，沉积层引起的混响不受海底 Biot 慢波的影响？

（5）如果气体存在，随温度变化的相位变化怎样影响混响？

（6）沉积层中声衰减随频率是不是非线性变化的？什么模型能解释这一现象？Buckingham[123]的理论认为沉积层中的声衰减随频率是线性变化的，这是不是正确的？

（7）Hamilton[124]提出的沉积层中声速和衰减随深度的依赖关系是不是正确的模型？是不是认为等声速/等衰减更好？或者有其他模型？

1.4.2　海洋混响与散射研究发展趋势

根据上面列举浅海混响与散射研究存在的问题，可以总结出海洋混响与散射研究的发展趋势：

（1）混响模型应该包括预报空间相关和时间相关的功能。

（2）改进现有的模型，如二维抛物方程模型应该考虑计算海底介质不均匀性散射的能力，简正波混响模型中应该改进经验海底散射函数，使之能包括体积不均匀性的散射。

（3）改进海底地形和海底等效声学参数模型。

（4）散射模型应该改进/增加离散散射体散射的模型，并且增加预报宽带散射的能力。

（5）发展和改进很多学者使用的散射矩阵。

（6）改进或设计实验来验证各种海洋混响和散射模型。

（7）无论是混响模型还是散射模型，耦合简正波模型都要改进，并且增加宽带处理的能力，提高运算速度。

（8）发展水声界广泛接受的混响和散射基准。

（9）基于物理的混响模型需要增加预报混响统计特性的功能。

参 考 文 献

[1]　　尤立克. 水声原理. 3 版. 洪申，译. 哈尔滨：哈尔滨船舶工程学院出版社，1990.

[2] Bartberger C L. Lecture notes on underwater acoustics. NADC-WR-6509. Warminster: Naval Air Development Center, 1965.

[3] Etter P C. Underwater Acoustic Modeling and Simulation. 4th ed. New York: CRC Press, 2013.

[4] Gerstoft P, Schmidt H. A boundary element approach to ocean seismoacoustic facet reverberation. The Journal of the Acoustical Society of America, 1991, 89 (4): 1629-1642.

[5] Johnson H R, Backus R H, Hersey J B, et al. Suspended echo-sounder and camera studies of midwater sound scatterers. Deep-Sea Research, 1956, 3 (4): 266-272.

[6] Saenger R A. Volume scattering strength algorithm: A first generation model. Washington: Naval Underwater Systems Center Technical Memos, 1984.

[7] Love R H. Predictions of volume scattering strengths from biological trawl data. The Journal of the Acoustical Society of America, 1975, 57 (2): 300-306.

[8] Love R H. A comparison of volume scattering strength data with model calculations based on quasisynoptically collected fishery data. The Journal of the Acoustical Society of America, 1993, 94 (4): 2255-2268.

[9] Greene C H, Wiebe P H. New developments in bioacoustical oceanography. Sea Technology, 1988, 29 (8): 27-29.

[10] Hovland M. Organisms: The only cause of scattering layers? Eos Transactions American Geophysical Union, 1988, 69 (31): 760.

[11] Chapman R P, Harris J H. Surface backscattering strengths measured with explosive sound sources. The Journal of the Acoustical Society of the America, 1962, 34: 1592-1597.

[12] Chapman R P, Scott H D. Surface backscattering strengths measured over an extended range of frequencies and grazing angles. The Journal of the Acoustical Society of America, 1964, 36 (9): 1735-1737.

[13] McDaniel S T. Sea surface reverberation: A review. The Journal of the Acoustical Society of America, 1993, 944: 1905-1922.

[14] Ogden P M, Erskine F T. Surface scattering measurements using broadband explosive charges in the Critical Sea Test experiments. The Journal of the Acoustical Society of America, 1994, 95 (2): 746-761.

[15] Nicholas M, Ogden P M, Erskine F T. Improved empirical descriptions for acoustic surface backscatter in the ocean. IEEE Journal of Oceanic Engineering, 1998, 23 (2): 81-95.

[16] Marsh H W, Mellen R H. Underwater sound propagation in the Arctic Ocean. The Journal of the Acoustical Society of America, 1963, 35 (4): 552-563.

[17] Brown J R. Reverberation under Arctic ice. The Journal of the Acoustical Society of America, 1964, 36 (3): 601-603.

[18] Milne A R. Underwater backscattering strengths of Arctic pack ice. The Journal of the Acoustical Society of America, 1964, 36 (8): 1551-1556.

[19] Burke J E, Twersky V. Scattering and reflection by elliptically striated surfaces. The Journal of the Acoustical Society of America, 1966, 40 (4): 883-895.

[20] Diachok O I. Effects of sea-ice ridges on sound propagation in the Arctic Ocean. The Journal of Acoustical Society of America, 1998, 59 (5): 1110-1120.

[21] Bishop G C. A bistatic, high-frequency, under-ice, acoustic scattering model. I: Theory. The Journal of the Acoustical Society of America, 1989, 85 (5): 1903-1911.

[22] Bishop G C. A bistatic, high-frequency, under-ice, acoustic scattering model. II: Applications. The Journal of the Acoustical Society of America, 1989, 85 (5): 1912-1924.

[23] Hayward T J, Yang T C. Low-frequency Arctic reverberation. I: Measurement of under-ice backscattering strengths from short-range direct-path returns. The Journal of the Acoustical Society of America, 1993, 93 (5): 2517-2523.

[24] Yang T C, Hayward T J. Low-frequency Arctic reverberation. II: Modeling of long-range reverberation and comparison with data. The Journal of the Acoustical Society of America, 1993, 93 (5): 2524-2534.

[25] Yang T C, Hayward T J. Low-frequency Arctic reverberation. III: Measurement of ice and bottom backscattering strengths from medium-range bottom-bounce returns. The Journal of the Acoustical Society of America, 1993, 94 (2): 1003-1014.

[26] LePage K, Schmidt H. Analysis of spatial reverberation statistics in the central Arctic. The Journal of the Acoustical Society of America, 1996, 99 (4): 2033-2047.

[27] LePage K, Schmidt H. Modeling of low-frequency transmission loss in the central Arctic. The Journal of the Acoustical Society of America, 1994, 96 (3): 1783-1795.

[28] Duckworth G, LePage K, Farrell T. Low-frequency long-range propagation and reverberation in the central Arctic: Analysis of experimental results. The Journal of the Acoustical Society of America, 2001, 110 (2): 747-760.

[29] Frank S D, Ivakin A N. Long-range reverberation in an Arctic environment: Effects of ice thickness and elasticity. The Journal of the Acoustical Society of America, 2018, 143 (3): EL167-EL173.

[30] MacKenzie K V. Bottom reverberation for 530- and 1030-cps sound in deep water. The Journal of the Acoustical Society of America, 1961, 33 (11): 1498-1504.

[31] Ellis D D, Preston J R, Urban H G. Ocean Reverberation. Dordrecht: Kluwer Academic Publishers, 1993.

[32] Ellis D D, Crowe D V. Bistatic reverberation calculations using a three-dimensional scattering function. The Journal of the Acoustical Society of America, 1991, 89 (5): 2207-2214.

[33] Powers W J. Bistatic active signal excess model: An extension of the Generic. Washington: Naval Underwater Systems Center, 1987.

[34] Swift S A, Stephen R A. The scattering of a low-angle pulse beam from seafloor volume heterogeneities. The Journal of the Acoustical Society of America, 1994, 96 (2): 991-1001.

[35] Greaves R J, Stephen R A. Seafloor acoustic backscattering from different geological provinces in the Atlantic Natural Laboratory. The Journal of the Acoustical Society of America, 1997, 101 (1): 193-208.

[36] Greaves R J, Stephen R A. Low-grazing-angle monostatic acoustic reverberation from rough and heterogeneous seafloors. The Journal of the Acoustical Society of America, 2000, 108 (3): 1013-1025.

[37] Shenderov E L. Some physical models for estimating scattering of underwater sound by algae. The Journal of the Acoustical Society of America, 1998, 104 (2): 791-800.

[38] Kuo E Y T. Sea surface scattering and propagation loss: Review, update, and new predictions. IEEE Journal of Oceanic Engineering, 1988, 13 (4): 229-234.

[39] 布列霍夫斯基. 海洋声学[M]. 山东海洋学院海洋物理系, 中国科学院声学研究所水声研究室, 译. 北京: 科学出版社, 1983.

[40] Ogilvy J A. Theory of Wave Scattering from Random Rough Surface. Bristol: IOP Publishing, 1991.

[41] Voronovich A. Wave Scattering from Rough Surfaces. 2nd ed. Berlin: Springer, 1999.

[42] Bass F G, Fuks I M. Wave Scattering from Statistically Rough Surfaces. translated and edited by Vesecky C B, Vesecky J F. from Russian. Oxford: Pergamon Press, 1979.

[43] Kudrashov V M. Influence of shear elasticity on the scattering of sound by a plate with statistically rough boundaries. Soviet Physics Acoustics, 1988, 33 (6): 625-627.

[44] Kryazhev F I, Kudrashov V M. Sound field in a waveguide with a statistically rough admittance boundary. Soviet

Physics Acoustics, 1984, 30 (5): 391-393.

[45]　Kuperman W A. Reflection and transmission at a randomly rough two-fluid interface. The Journal of the Acoustical Society of America, 1974, 56 (S1): S51.

[46]　Kuperman W A, Schmidt H. Rough surface elastic wave scattering in a horizontally stratified ocean. The Journal of the Acoustical Society of America, 1986, 79 (6): 1767-1777.

[47]　Kuperman W A, Schmidt H. Self-consistent perturbation approach to rough surface scattering in stratified elastic media. The Journal of the Acoustical Society of America, 1989, 86 (4): 1511-1522.

[48]　Schmidt H, Kuperman W A. Spectral representations of rough interface reverberation in stratified ocean waveguides. The Journal of the Acoustical Society of America, 1995, 97 (4): 2199-2209.

[49]　Fan H. Wave theory modeling of three-dimensional seismo-acoustic reverberation in ocean waveguides. Cambridge: Massachusetts Institute of Technology, 1995.

[50]　Twersky V. On scattering and reflection of sound by rough surfaces. The Journal of the Acoustical Society of America, 1957, 29 (2): 209-225.

[51]　Tolstoy I. Coherent acoustic scatter at a rough interface between two fluids. The Journal of the Acoustical Society of America, 1980, 68 (1): 258-268.

[52]　Stockhausen J H. Scattering from the volume of an inhomogeneous half-space. The Journal of the Acoustical Society of America, 1963, 35 (S11): 1893.

[53]　Morse P M, Ingard K U. Theoretical Acoustics. New York: McGraw-Hill, 1968.

[54]　Nolle A W, Hoyer W A, Mifsud J F, et al. Acoustical properties of water-filled sands. The Journal of the Acoustical Society of America, 1963, 35 (9): 1394-1408.

[55]　Crowther P A. Some Statistics of the Sea-bed and acoustic Scattering Therefrom//Page N G. Acoustics and the Sea-Bed. Bath: Bath University Press, 1983: 147-155.

[56]　Kuo E Y T. Wave scattering and transmission at irregular surfaces. The Journal of Acoustical Society of the America, 1964, 36 (11): 2135-2142.

[57]　Ivakin A N, Lysanov Y P. Theory of underwater sound scattering by volume inhomogeneities of the bottom. Soviet Physics Acoustics, 1981, 27: 61-64.

[58]　Ivakin A N, Lysanov Y P. Underwater sound scattering by volume inhomogeneities of a bottom bounded by a rough surface. Soviet Physics Acoustics, 1981, 27: 212-215.

[59]　Ivakin A N. Sound scattering by random inhomogeneities in stratified ocean sediments. Soviet Physics Acoustics, 1986, 32: 492-496.

[60]　Jackson D R, Winebrenner D P, Ishimaru A. Application of the composite roughness model to high-frequency bottom backscattering. The Journal of the Acoustical Society of America, 1986, 79 (5): 1410-1422.

[61]　Mourad P D, Jackson D R. High frequency sonar equation models for bottom backscatter and forward loss. Oceans, 1989: 1168-1175.

[62]　Mourad P D, Jackson D R. A model/data comparison for low-frequency bottom backscatter. The Journal of the Acoustical Society of America, 1993, 94 (1): 344-358.

[63]　Hines P C. Theoretical model of acoustic backscatter from a smooth seabed. The Journal of the Acoustical Society of America, 1990, 88 (1): 324-334.

[64]　Chernov L A. Wave Propagation in a Random Medium. New York: McGraw-Hill, 1960.

[65]　Tang D J, Frisk G V. Plane-wave reflection from a random fluid half-space. The Journal of the Acoustical Society of America, 1991, 90 (5): 2751-2756.

[66] Tang D J. A note on scattering by a stack of rough interfaces. The Journal of the Acoustical Society of America, 1996, 99 (3): 1414-1418.

[67] Tang D. Acoustic wave scattering from a random ocean bottom. Massachusetts: Massachusetts Institute of Technology and Woods Hole Oceanographic Institution, 1991.

[68] Lyons A P, Anderson A L, Dwan F S. Acoustic scattering from the seafloor: Modeling and data comparison. The Journal of the Acoustical Society of America, 1994, 95 (5): 2441-2451.

[69] Yamamoto T. Acoustic scattering in the ocean from velocity and density fluctuations in the sediments. The Journal of the Acoustical Society of America, 1996, 99 (2): 866-879.

[70] Ellis D D, Deveau T J, Theriault J A. Volume reverberation and target echo calculations using normal modes. Oceans, 1997: 608-611.

[71] Tang D J. Shallow-water reverberation due to sediment volume inhomogeneities. The Journal of the Acoustical Society of America, 1995, 98 (5): 2988.

[72] Tracey B H, Schmidt H. A self-consistent theory for seabed volume scattering. The Journal of the Acoustical Society of America, 1999, 106 (5): 2524-2534.

[73] LePage K D, Schmidt H. Spectral integral representations of volume scattering in sediments in layered waveguides. The Journal of the Acoustical Society of America, 2000, 108 (4): 1557-1567.

[74] Merklinger H M. Bottom reverberation measured with explosive charges fired deep in the ocean. The Journal of the Acoustical Society of America, 1968, 44 (2): 508-513.

[75] Boehme H, Chotiros N P. Acoustic backscattering at low grazing angles from the ocean bottom. The Journal of the Acoustical Society of America, 1988, 84 (3): 1018-1029.

[76] Preston J R, Akal T, Berkson J. Analysis of backscattering data in the Tyrrhenian Sea. The Journal of the Acoustical Society of America, 1990, 87 (1): 119-134.

[77] Hines P C. Theoretical model of in-plane scatter from a smooth sediment seabed. The Journal of the Acoustical Society of America, 1996, 99 (2): 836-844.

[78] Jackson D R, Briggs K B. High-frequency bottom backscattering: Roughness versus sediment volume scattering. The Journal of the Acoustical Society of America, 1992, 92 (2): 962-977.

[79] Bucker H P, Morris H E. Normal-mode reverberation in channels or ducts. The Journal of the Acoustical Society of America, 1968, 44 (3): 827-828.

[80] 尚尔昌, 张仁和. 浅海远程混响理论. 物理学报, 1975, 24 (4): 260-267.

[81] Shang E C. Some New Challenges in Shallow Water Acoustics//Merklinger H M. Progress in Underwater Acoustics. Boston: Springer, 1987: 461-471.

[82] 张仁和, 金国亮. 浅海平均混响强度的简正波理论. 声学学报, 1984, 9 (1): 12-20.

[83] Jin G L. Average intensity of long-range shallow water reverberation under isovelocity conditions. Acta Acustica, 1980, 5: 279-285.

[84] Tang Y W. Average intensity of long range surface reverberation in shallow water with positive sound velocity gradient. Acta Geophysica Sinica, 1989, 32: 667-674.

[85] 李启虎, 王宁, 赵进平, 等. 北极水声学: 一门引人关注的新型学科. 应用声学, 2014, 33 (6): 471-483.

[86] 李风华, 金国亮, 张仁和. 浅海相干混响理论与混响强度的振荡现象. 中国科学 (A 辑), 2000, 30 (6): 560-566.

[87] 李风华, 刘建军, 李整林, 等. 浅海低频混响的振荡现象及其物理解释. 中国科学 (G 辑), 2005, (2): 140-148.

[88] 李风华, 张燕君, 张仁和, 等. 浅海混响时间-频率干涉特性研究. 中国科学: 物理学力学天文学, 2010,

40 （7）：838-841.

[89] Zhou J X，Zhang X Z，Rogers P H，et al. Reverberation vertical coherence and sea-bottom geoacoustic inversion in shallow water. IEEE Journal of Oceanic Engineering，2004，29（4）：988-999.

[90] Zhou J X，Zhang X Z，Peng Z H，et al. Sea surface effect on shallow-water reverberation. The Journal of the Acoustical Society of America，2007，121（1）：98-107.

[91] Zhang R，Li W，Qiu X，et al. Reverberation loss in shallow water. Journal of Sound and Vibration，1995，186（2）：279-290.

[92] Ellis D D. A shallow-water normal-mode reverberation model. The Journal of the Acoustical Society of America，1995，97（5）：2804-2814.

[93] 刘建军，李风华，张仁和. 浅海异地混响理论与实验比较. 声学学报，2006，31（2）：173-178.

[94] Jensen F B，Ferla C M. Numerical solutions of range-dependent benchmark problems in ocean acoustics. The Journal of the Acoustical Society of America，1990，87（4）：1499-1510.

[95] Tappert F，Ryan F. Full-wave bottom reverberation modeling. The Journal of the Acoustical Society of America，1989，86（S1）：S65.

[96] Tappert F. Full-wave three-dimensional modeling of long-range oceanic boundary reverberation. The Journal of the Acoustical Society of America，1990，88（S1）：S84.

[97] Collins M D，Orris G J，Kuperman W A. Reverberation Modeling with the Two-way Parabolic Equation//Ellis D D，Preston J R，Urban H G. Ocean Reverberation. Dordrecht：Springer，1993：119-124.

[98] 吴承义. 用射线方法计算浅海混响平均强度（Ⅰ）. 声学学报，1979，4（2）：114-119.

[99] 吴金荣，孙辉，黄益旺. 浅海近程混响衰减. 哈尔滨工程大学学报，2002，23（6）：4-8，15.

[100] 曹雨露，杨晓刚，张拓. 浅海典型声速近程海底混响数值仿真. 舰船科学技术，2017，39（11）：94-97.

[101] Ivakin A N. A unified approach to volume and roughness scattering. The Journal of the Acoustical Society of America，1998，103（2）：827-837.

[102] 高天赋. 粗糙界面的波导散射和非波导散射之间的关系. 声学学报，1989，14（2）：126-132.

[103] Shang E C，Gao T F，Wu J R. A shallow-water reverberation model based on perturbation theory. IEEE Journal of Oceanic Engineering，2008，33（4）：451-461.

[104] Wu J R，Shang E C，Gao T F. A new energy-flux model of waveguide reverberation based on perturbation theory. Journal of Computational Acoustics，2010，18（3）：209-225.

[105] Tang D J，Jackson D R. Application of small-roughness perturbation theory to reverberation in range-dependent waveguides. The Journal of the Acoustical Society of America，2012，131（6）：4428-4441.

[106] Tang D J，Jackson D R. A time-domain model for seafloor scattering. The Journal of the Acoustical Society of America，2017，142（5）：2968-2978.

[107] Wu J R，Gao T F，Shang E C. Reverberation intensity decaying in range-dependent waveguide. Journal of Theoretical and Computational Acoustics，2019，27（3）：1950007.

[108] Carl E. The scattering of sound from the sea surface. The Journal of the Acoustical Society of America，1953，25（3）：566-570.

[109] Dacol D K. The Kirchhoff approximation for acoustic scattering from a rough fluid-elastic solid interface. The Journal of the Acoustical Society of America，1990，88（2）：978-983.

[110] Williams K L，Jackson D R. Bistatic bottom scattering：Model，experiments，and model/data comparison. The Journal of the Acoustical Society of America，1998，103（1）：169-181.

[111] Matsumoto H，Dziak R P，Fox C G. Estimation of seafloor microtopographic roughness through modeling of

acoustic backscatter data recorded by multibeam sonar systems. The Journal of the Acoustical Society of America，1993，94（5）：2776-2787.

[112] Michalopoulou Z H，Alexandrou D，de Moustier C. Application of a maximum likelihood processor to acoustic backscatter for the estimation of seafloor roughness parameters. The Journal of the Acoustical Society of America，1994，95（5）：2467-2477.

[113] Talukdar K K，Tyce R C，Clay C S. Interpretation of Sea Beam backscatter data collected at the Laurentian fan off Nova Scotia using acoustic backscatter theory. The Journal of the Acoustical Society of America，1995，97（3）：1545-1558.

[114] Michalopoulou Z H，Alexandrou D. Bayesian modeling of acoustic signals for seafloor identification. The Journal of the Acoustical Society of America，1996，99（1）：223-233.

[115] Chotiros N P. Reflection and reverberation in normal incidence echo-sounding. The Journal of the Acoustical Society of America，1994，96（5）：2921-2929.

[116] Chotiros N P. Inversion of Sandy Ocean Sediments. Netherlands：Springer，1995：353-358.

[117] Weinberg H. Generic sonar model. Oceans，2010：201-205.

[118] 郭熙业，苏绍璟，王跃科. 基于射线理论的海底混响建模研究. 声学技术，2009，28（3）：203-207.

[119] 翁晋宝，李风华，刘建军. 深海海底混响模型初步研究. 声学技术，2014，33（S2）：67-69.

[120] 王龙昊，秦继兴，傅德龙，等. 深海大接收深度海底混响研究. 物理学报，2019，68（13）：185-193.

[121] Xu L Y，Yang K D，Guo X L，et al. Bistatic bottom reverberation in deep ocean：Modeling and data comparison. Oceans，2016：1-5.

[122] Preston J R. Report on the 1999 ONR shallow-water reverberation focus workshop. Applied Research Laboratory Pennsylvania State University，USA Technical Memos. TM 99-155. 1999.

[123] Buckingham M J. Wave propagation，stress relaxation，and grain-to-grain shearing in saturated，unconsolidated marine sediments. The Journal of the Acoustical Society of America，2000，108（6）：2796-2815.

[124] Hamilton E L. Geoacoustic modeling of the sea floor. The Journal of the Acoustical Society of America，1980，68（5）：1313-1340.

第 2 章 海洋环境参数特性

海洋混响的产生涉及声波的传播和散射过程，因此在混响模型研究中，需要考虑声速剖面、海面、海底等的海洋环境声学参数[1]，同时还需要考虑引起散射的粗糙界面、非均匀介质等模型参数。

2.1 海水中的声速及声吸收

2.1.1 海水中声速的基本公式

海水中的声速是温度、盐度和静压力（与海水深度有关）的函数。在温度、盐度和静压力中，以温度影响最为显著；温度升高时声速增大，而密度变化不明显；盐度增大的效果仍是声速增大；静压力增大也使声速增大。

由于温度对声速的变化影响最大，而在海面附近的温度较海底的（特别是深海）温度随时间和空间的变化范围更大，所以随着深度的增加，声速变化范围越来越小。在海洋表面，声速可以在 1430～1530m/s 范围内变化。

声速作为温度 T、盐度 S、静压力（由深度 z 代替）的函数的简单公式可表示为[2]

$$
\begin{aligned}
c = {} & 1449.2 + 4.6T - 0.055T^2 + 0.00029T^3 \\
& + (1.34 - 0.010T)(S - 35) + 0.016z
\end{aligned}
\tag{2-1}
$$

式中，c 为声速（m/s）；T 为温度（℃）；S 为盐度（‰）；z 为深度（m）。

目前，较为精确的声速计算公式是 Wilson 公式[3]：

$$
c = 1449.14 + c_t + c_p + c_s + c_{\text{stp}}
\tag{2-2}
$$

$$
\begin{aligned}
c_t = {} & 4.5721T - 4.4532 \times 10^{-2} T^2 - 2.6045 \times 10^{-4} T^3 \\
& + 7.9851 \times 10^{-6} T^4
\end{aligned}
$$

$$
\begin{aligned}
c_p = {} & 1.60272 \times 10^{-1} P + 1.0268 \times 10^{-5} P^2 + 3.5216 \times 10^{-9} P^3 \\
& - 3.3603 \times 10^{-12} P^4
\end{aligned}
$$

$$
c_s = 1.39799(S - 35) + 1.69202 \times 10^{-3} (S - 35)^2
$$

$$c_{stp} = (S - 35)(-1.1244 \times 10^{-2} T + 7.7711 \times 10^{-7} T^2)$$
$$+ 7.7016 \times 10^{-5} P - 1.2943 \times 10^{-7} P^2 + 3.1580 \times 10^{-8} PT$$
$$+ 1.5790 \times 10^{-9} PT^2 + P(-1.8607 \times 10^{-4} T + 7.4812 \times 10^{-6} T^2$$
$$+ 4.5283 \times 10^{-8} T^3) + P^2(-2.5294 \times 10^{-7} T + 1.8563 \times 10^{-9} T^2)$$
$$+ P^3(-1.9646 \times 10^{-10} T)$$

式中，c 为声速（m/s）；T 为温度（℃，$-4℃ \leqslant T \leqslant 30℃$）；$S$ 为盐度（‰，$0‰ \leqslant S \leqslant 37‰$）；$P$ 为静压力（kg/cm² 或大气压，$1kg/cm^2 \leqslant P \leqslant 1000kg/cm^2$）。

2.1.2 海水中的声吸收衰减

海水中的声吸收特性是海洋环境的一个重要特性，因为作为信息载体的声波，在传播过程中，能量耗损的程度是信道有效性的一个非常重要的标志。就目前已知的能量辐射形成，声波的耗损最小，光波和电磁波等均因受到严重的衰减，不能用作远程探测工具。

低频段的声波是目前在海水中用作远程传输的唯一有效工具，数公斤 TNT（trinitrotoluene）炸药所产生的爆炸声波，在深海声道（sound fixing and ranging，SOFAR）中可以传播到数千公里以外。

当声波在海洋中传播时，随着传播距离的增加，声强将逐渐减弱，这是由于海水介质不是理想的无耗损介质。声强减弱有四个原因：波阵面的几何扩展、边界损失、吸收、散射。

选取特定的实验环境，进行传播声强衰减的实验，如在大洋深海声道中，可以对前两项损失予以校正。但后两项所引起的声强的指数衰减，在远程传播中常常同时存在，很难分开，因此有时统称为衰减系数，常用的单位是 dB/km 或 dB/m。

海水作为非理想介质，将产生黏滞吸收与热传导吸收而将声能转化为热能。实际上热传导吸收远小于黏滞吸收，常常可忽略。

当频率小于 100kHz 时，海水中声吸收的主要原因是 $MgSO_4$ 的离子弛豫。Liebermann[4]从理论上证明，离子弛豫机构和黏滞性将会导致式（2-3）所示的衰减系数的频率关系：

$$\alpha = a \frac{f_T f^2}{f_T + f^2} + b f^2 \tag{2-3}$$

式中，a、b 为常数；f_T 为弛豫频率；f 为声波频率。后来，Schulkin 和 Marsh[5]根据大西洋等温层中 2～25kHz 频率范围内，在 21.95km 传播距离的 30000 次测量总结出了一个半经验公式，在这个公式中，给出了低频声衰减系数与温度、盐度、静压力和频率的关系：

$$\alpha = \left[\frac{SAf_T f^2}{f_T^2 + f^2} + \frac{Bf^2}{f_T} \right](1 - 6.54 \times 10^{-4} P) \ (\text{Np/m}) \tag{2-4}$$

式中，Np 代表奈培，$1\text{Np} = 8.686\text{dB}$；$A = 2.34 \times 10^{-6}$；$B = 3.38 \times 10^{-6}$；$f$ 为声波频率（kHz）；S 为盐度（‰）；P 为静压力（大气压）；f_T 为与温度有关的弛豫频率：

$$f_T = 21.9 \times 10^{6 - \frac{1520}{T+273}} \ (\text{kHz})$$

将式（2-4）右边乘以因子 8.686×10^3，则化为 dB/km。式（2-4）中的第一项代表 $MgSO_4$ 弛豫吸收，当 $f \ll f_T$ 时起主导作用；第二项是水的黏滞吸收，是高频的主导项。f_T 随温度而变化，在 $4 \sim 30℃$ 范围内，由 70kHz 变化到 200kHz。

Thorp[6]指出，半经验公式（2-4）不适用于 5kHz 以下的频段。Thorp 综合了若十次低频衰减系数的测量结果发现，在低频段还有一个弛豫过程，其弛豫频率约为 1kHz。1967 年，Thorp[7]给出如下经验公式：

$$\alpha = \frac{0.1f^2}{1 + f^2} + \frac{40f^2}{4100 + f^2} + 2.75 \times 10^{-4} f^2 \ (\text{dB/kyd}) \tag{2-5}$$

式中，f 为声波频率（kHz）；$1\text{kyd} = 914.4\text{m}$。公式前两项表示 4℃ 左右时，两类弛豫过程的贡献；第三项表示纯水的黏滞吸收。

Mellen 和 Browning[8]也得到过声波衰减与 pH 间的对数依赖关系，通常海水 pH 的变化范围在 $7.3 \sim 8.5$。Mellen 和 Browning[9]给出一个适用于低频（$f < 10\text{kHz}$）的简单吸收公式：

$$\alpha = \frac{Af^2}{1 + (f/f_r)^2} + 0.0035f^2 \ (\text{dB/km}) \tag{2-6}$$

式中，第一项是与 pH 及温度有关的硼酸项；弛豫频率 f_r 及系数 A 为

$$f_r = 10^{(T-4)/100} \ (\text{kHz}) \tag{2-7}$$

$$A = 0.11 \times 10^{\text{pH}-8} / f_r \tag{2-8}$$

第二项是硫酸镁项，相应于 $f < 10\text{kHz}$，$T = 30℃$，$S = 36‰$。

2.1.3　典型声速剖面

1. 温度分层的基本结构："三层结构"

海面附近的局部对流是一种重要的热交换[10]：一方面由于阳光照射海面，被照暖的海水可深达 10m 左右；另一方面，海面水体由于蒸发、降雨和辐射而变冷。冷水或含盐分大的水都因变重而下沉。这一过程，再加上风动海面造成的垂直方向的搅拌作用等，使得表面层形成一个等温层，这一表面等温层有时称为混合层。

在较深部的海水则处于较为稳定的状态，由比较冷而均匀的水构成。在表面等温层与深部冷水之间，存在一个过渡层，这一层就是人们熟知的主跃层。

因此，海洋中的基本温度垂直结构是一个"三层结构"。这是一个内在稳定的结构，因为在这种结构中，密度（主要受温度控制）是随深度增加而增加的。

"三层结构"的具体深度尺寸与纬度有关。在中纬度（30°N～40°N 或 30°S～40°S）有最厚的表面等温层和主跃层；而当高于 50°N 或 50°S 时，则几乎不存在表面等温层，整个水层都具有深部冷水温度（图2-1）。

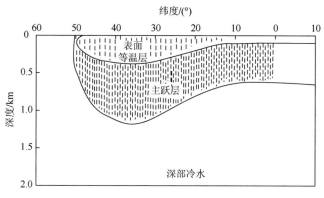

图 2-1　声速剖面"三层结构"随纬度变化规律[10]

2. 典型的深海声速剖面

前述基本温度垂直分布的"三层结构"决定了如图2-2所示的大洋典型声速剖面。

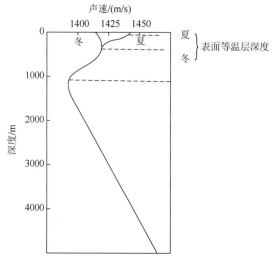

图 2-2　大洋典型声速剖面

在主跃层有较大的声速梯度，声速极小值的具体位置与纬度有关。在表面混合层中为等温层，在声速极小值以下又为等温层，在这两个区域中均可由海水静压力形成

0.016s^{-1} 的正梯度。这就形成这两个区域的良好传播条件，前者形成混合层声道或表面声道，后者形成深海声道。混合层厚度受季节影响较大，而深海声道则较为稳定。

Munk[11]曾根据海洋介质的指数分层规律，给出了一个深海声道声速剖面典型形式：

$$c(z) = c_{\min} \left\{ 1 + \varepsilon[\text{e}^{-\eta} - (1-\eta)] \right\} \tag{2-9}$$

式中，$\eta = 2(z-z_A)/B$，z_A 为声速极小值的位置，B 为波导宽度；$c_{\min}$ 为声速极小值；ε 为偏离极小值 $c_{\min}$ 的量级。例如，典型的情况为 $B=1000\text{m}$，$z_A=1000\text{m}$，$c_{\min}=1500\text{m}/\text{s}$，$\varepsilon = 0.57\times 10^{-2}$。

3. 典型的浅海声速剖面

一般来说，在沿岸浅海及大陆架上，声速剖面受到较多因素的影响，比深海有更大的变动性。但平均而言，仍然有比较明显的季节特征。在冬季的典型声速剖面是等温层，而在夏季则为负跃层，或在连续无风平静海况的日期为负梯度。

由冬季过渡到春季时，逐渐由等温层变为负跃层，开始时负跃层的深度较浅，锐度较小，以后逐渐变大。一般声速变化在 8 月为最大，可达 40m/s，以后逐渐变小，跃层位置逐渐变深，约在 11 月消失而进入冬季等温层，典型的温度分布曲线如图 2-3 所示。

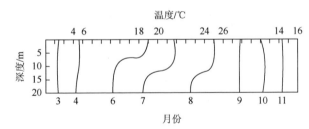

(a) 20m浅海温度剖面随月份的变化

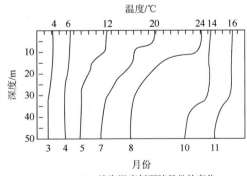

(b) 50m浅海温度剖面随月份的变化

图 2-3　典型浅海温度剖面

在某些海域，由于特殊原因，也会形成某些特殊的浅海声速剖面。例如，在东海大陆架，在 4～5 月可能受黑潮的影响，形成不稳定的浅海水下声道（图 2-4）；又如，在波罗的海，由于盐度分布的关系，也出现有特殊的水下声道声速剖面。

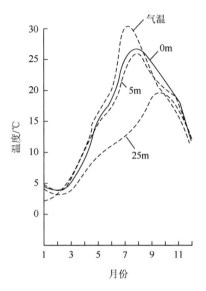

图 2-4　东海大陆架温度变化

2.2　海底及其声学特性

2.2.1　海底沉积层概况

在海底的地壳上面，都覆盖着一层非凝固态的沉积层。在水声学中，海底界面通常指的就是海水与沉积层的分界面。从水声学角度来说，沉积层的重要物理特性是密度 ρ、纵波速度（声速）c_p、横波速度 c_s、衰减系数 α 以及这些量的分层结构情况。因此，必须对沉积层的这些特性有足够的了解，包括进行理论分析，如 Biot[12, 13] 所做的多孔介质传播理论、实验室测量以及海上现场测量。到 20 世纪 70 年代就已经积累了大量的数据，并总结出了一些规律[14-18]。后来 Buckingham[19-23] 对沉积层的声衰减也做了一系列的研究工作。

沉积层的性质一般随海区而异，但基本上可以分为三大典型类别[24]：大陆台地（包括大陆架及大陆坡）、深海平原、深海丘陵。大陆架深度一般小于 200m，只占海洋面积的 7.6%。大陆架的宽度变化很大，如加利福尼亚海岸只有数海里，而西伯利亚极地则有 800n mile。大陆坡的深度在 200～3000m 范围，占海洋面积的 15.3%，大陆坡的典型陡坡度为 4°，而深度为 3000～6000m 的深海占 75.9%，6000～11000m 的海沟只占 1.2%（图 2-5）。

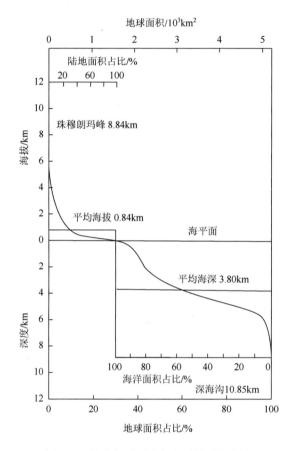

图 2-5　地球表面不同高度区域面积占比

实测数据表明，大部分浅海大陆架属于高声速海底（即 $c_底 > c_水$），而大部分深海沉积层属于低声速海底（即 $c_底 < c_水$），其表层声速比其上面的声速低 1%～2%。然而沉积层的声速随深度的增加有所增加，增加的原因是覆盖重量的增加将产生挤压而使孔隙度降低，另外来自地幔的热流通过沉积层，进入海水，从而形成一种温度梯度，由于充水孔隙介质中的声速正比于其中水的声速，相应的温度梯度也使沉积层中的声速有所增加。这种增加的例子，见表 2-1～表 2-3。典型沉积层的参数列于表 2-4。应该指出，沉积层的分类及物理参数范围的划分目前还没有统一的标准，但大同小异，这里取 Hamilton[24]的分类结果。

表 2-1　深海钙质沉积层、密度、孔隙度随深度变化的例子

沉积层深度/km	密度/(g/cm³)	孔隙度/%	密度梯度/[10⁻⁴g/(cm³·m)]
0.00	1.512	72.0	
0.05	1.599	66.7	17.4
0.10	1.665	62.7	15.3
0.15	1.727	59.0	14.3
0.20	1.783	55.6	13.6
0.30	1.877	49.9	12.2
0.40	1.944	45.8	10.8
0.50	1.981	43.6	9.4

表 2-2　深海黏土沉积层、密度、孔隙度随深度变化的例子

沉积层深度/km	密度/(g/cm³)	孔隙度/%	密度梯度/[10⁻⁴g/(cm³·m)]
0.00	1.357	81.4	
0.05	1.494	77.4	13.4
0.10	1.484	73.1	13.7
0.15	1.563	68.9	13.7
0.20	1.637	64.4	14.0
0.25	1.710	60.0	14.1
0.30	1.783	55.6	14.2

表 2-3　深海沉积层软泥密度、孔隙度随深度变化的例子

沉积层深度/km	密度/(g/cm³)	孔隙度/%	密度梯度/[10⁻⁴g/(cm³·m)]
0.00	1.172	90.0	
0.05	1.185	88.9	2.6
0.10	1.221	86.0	4.9
0.15	1.281	81.1	7.3
0.20	1.364	74.3	9.6
0.25	1.471	65.5	12.0

表 2-4　沉积层类别及参数

参数	沉积层类别								
	粗	砂细	很细	泥	砂泥	泥	砂-泥-黏土	黏土	泥质黏土
密度/(g/cm³)	2.034	4.957	1.866	1.806	1.787	1.767	1.583	1.469	1.421
声速/(m/s)	1836	1753	1697	1668	1664	1623	1580	1546	1520
衰减系数 K /[dB/(m·kHz)]	0.479	0.510	0.673	0.692	0.756	0.673	0.113	0.095	0.078

2.2.2　沉积物的取样分析

对沉积物进行取样分析是了解其物理、声学特性的一种重要研究手段。一般的重力取样可以得到 2m 左右的样本；用活塞式取样可以取得深为 10～20m 的柱状样本。对这些样本，可以进行某些声学测量，获得声学参数。然而取样过程的扰动以及取出后环境状态的变化，都会使其声学性质发生畸变。样本所能保持最稳定的性质是其粒度特性，因此对样本进行粒度分析是非常重要的。

在天然沉积物中，各级颗粒之间并无明显的界限，沉积物中的颗粒大小的分布常用累积曲线来表示[24]。由该曲线可以得到大于或小于任一粒级的那些颗粒所占的百分数（以重量计）。定义平均粒径为[24]

$$m_\phi = \frac{\phi_{16} + \phi_{84}}{2} \tag{2-10}$$

式中，ϕ_{16} 和 ϕ_{84} 分别相应于 16% 和 84% 颗粒含量所对应的粒径（以 ϕ 为单位），ϕ 与以毫米表示的颗粒直径 $2r$ 的关系为

$$\phi = -\log_2(2r) \tag{2-11}$$

通过大量数据的分析和统计处理，已经建立了平均粒径 m_ϕ 与重要参数孔隙度 n_p 的经验关系[25]。m_ϕ 与声速的经验关系为[25]

$$n_p = 34.84 + 5.028 m_\phi \tag{2-12}$$

浅海大陆台地的声速为

$$c = 1936.2 - 87.33 m_\phi + 4.45 m_\phi^2 \tag{2-13}$$

Akal[26]根据从太平洋、大西洋、挪威海、地中海以及白令海等地区取得的大量样品数据，用统计方法建立了孔隙度与重要的声学参数，如密度 ρ、声速 c 及垂直反射系数 V_b 的关系：

$$\rho = 2.6 - 1.6 n_p \tag{2-14}$$

$$c/c_w = 1.631 - 1.78 n_p + 1.2 n_p^2 \tag{2-15}$$

$$V_b = 0.589 - 0.59 n_p \tag{2-16}$$

Hamilton[27]经过大量数据综合之后，也建立了沉积物的衰减系数与孔隙度 n_p 的关系：

$$\alpha = K f^m \ (\text{dB}/\text{m}) \tag{2-17}$$

式中，f 为声波频率（kHz）；指数 m 为 0.9～1.1；海底底质衰减系数 K 与孔隙度 n_p 的关系如图 2-6 所示。

综上可见取样粒度分析的重要性。得到 m_ϕ 就可估算孔隙度 n_p，而有了 n_p，

则重要的声学参数 ρ、c、α 均可估算。再配以分布结构的知识或梯度数据，就可较全面地估计沉积层特性。下面给出海底声速与孔隙度关系的几个经验公式：

$$c = 2475.5 - 21.764n_p + 0.123n_p^2 \quad (\text{大陆台地}) \tag{2-18}$$

$$c = 1509.3 - 0.043n_p \quad (\text{深海丘陵}) \tag{2-19}$$

$$c = 1602.5 - 0.937n_p \quad (\text{深海平原}) \tag{2-20}$$

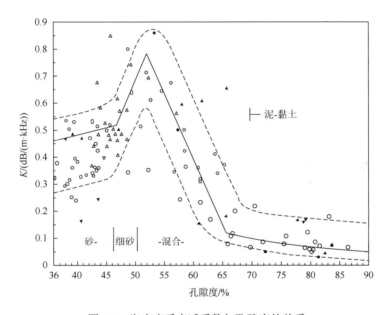

图 2-6　海底底质衰减系数与孔隙度的关系

实线代表 Hamilton 最佳拟合数据，虚线代表主要测量数据的范围，空心圆点代表文献中大西洋海域采样数据，实心圆点代表文献中太平洋海域采样数据，小三角代表在圣迭戈海域测量的值（空心三角为第一次测量值，实心三角为第二次测量值）

2.2.3　海底粗糙界面

粗糙界面表示为

$$z = h(r) = h(x, y) \tag{2-21}$$

式中，$h(r)$ 为与参考平滑平面（$z = 0$）的距离。对于随机粗糙界面，其平坦平面利用 $\langle h(r) \rangle = 0$ 定义，可以采用 $z = 0$ 平面。通常需要下列参数描述粗糙界面：

（1）均方根高度 σ，为

$$\sigma^2 = \langle h^2(r) \rangle \tag{2-22}$$

（2）自相关函数 $C(R)$，为

$$C(R) = \frac{\langle h(r)h(r+R) \rangle}{\sigma^2} \tag{2-23}$$

（3）粗糙界面的功率谱，即粗糙界面自相关函数的 Fourier 变换：

$$P(k) = \frac{1}{2\pi} \int C(R) \exp(ik \cdot R) \, dR \tag{2-24}$$

常见的海底粗糙界面谱包括三种，即高斯谱[28]、指数谱和 Goff-Jordan 谱[29]。高斯谱形式为

$$W(k) = \frac{h^2 L}{\sqrt{4\pi}} \exp\left(-\frac{k^2 L^2}{4}\right) \tag{2-25}$$

指数谱形式为

$$W(k) = \frac{h^2 L}{\pi} \frac{1}{1 + k^2 L^2} \tag{2-26}$$

Goff-Jordan 谱形式为

$$W(k) = \pi L \left[1 + (2kL)^2\right]^{-3/2} \tag{2-27}$$

2.2.4　海底介质体积不均匀性

定义海底声速扰动方程为[29]

$$\varepsilon(R) = \frac{\delta c}{c_1} \tag{2-28}$$

再假设密度扰动与声速扰动成正比，则

$$\frac{\delta \rho}{\rho_1} = \chi \cdot \varepsilon \tag{2-29}$$

式中，χ 为常数。

将体积不均匀性近似表示为水平方向的不均匀性和垂直方向的不均匀性的乘积[30, 31]，即

$$\langle \varepsilon(R_1)\varepsilon(R_2) \rangle = \sigma^2 \cdot N(R_1, R_2) = \sigma^2 \cdot N_r(|r_1 - r_2|) \cdot N_z(|z_1 - z_2|) \tag{2-30}$$

水平方向仍然利用上述粗糙界面表示，垂直方向的相关函数利用指数衰减函数表示：

$$R_z^{\varepsilon}(|z_1 - z_2|) = \exp(-|z_1 - z_2|/L_z) \tag{2-31}$$

式中，L_z 为垂直相关尺度。垂直方向的谱函数可以写为

$$\Gamma_z^{\varepsilon}(\gamma_m, \gamma_n) = \int_0^h dz' \int_0^h dz'' \exp(-|z' - z''|/L_z) \exp(-(\gamma_m + \gamma_n)(z' + z'')) \tag{2-32}$$

假设体积不均匀性在厚度为 h 的沉积层中，则可得

$$\Gamma_z^{\varepsilon}(\gamma_m, \gamma_n) = \frac{1}{(\gamma_m + \gamma_n)(\gamma_m + \gamma_n + L_z^{-1})} + \frac{1}{(\gamma_m + \gamma_n)(\gamma_m + \gamma_n - L_z^{-1})} e^{-2(\gamma_m + \gamma_n)h}$$
$$- \frac{2}{(\gamma_m + \gamma_n - L_z^{-1})(\gamma_m + \gamma_n + L_z^{-1})} e^{-(\gamma_m + \gamma_n + L_z^{-1})h} \tag{2-33}$$

式中，h 为沉积层的厚度；γ 为垂直波数。

2.3　海面及其声学特性

2.3.1　表面波浪的概况

海表面的波浪状况是影响水声传播的一个重要环境因素，特别是在表面声道和均匀层传播情况。

风动表面波浪通常分为毛细波与重力波两种，前者是表面张力制约波浪的情况，后者是重力制约波浪的情况。考虑表面张力与重力联合制约波浪运动时，可以得到毛细-重力波的频率-波长的关系为

$$\omega^2 = \frac{g}{k} + \frac{\alpha_t k^3}{\rho} \tag{2-34}$$

式中，$\omega = 2\pi f$ 为角频率，f 为频率（Hz）；$k = 2\pi/\lambda$ 为波数，λ 为波长（m）；$g = 9.8\,\mathrm{m/s^2}$；$\alpha_t = 7.4\times10^{-2}\,\mathrm{N/m}$ 为表面张力；$\rho = 1000\,\mathrm{kg/m^3}$ 为水体密度。

式（2-34）是在"深水"条件下得到的，即不受深海影响，波浪质点运动的幅度随深度指数下降 [图 2-7（a）]：

$$a(z) = a_0 \exp\left(\frac{-2\pi z}{\lambda}\right) \tag{2-35}$$

故当深度 $z > \lambda/2$ 时 [$a(z)$ 即变为 a_0 的 4%]，就可认为是满足"深水"条件。当考虑海底边界影响时，则如图 2-7（b）所示。

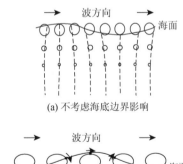

(a) 不考虑海底边界影响

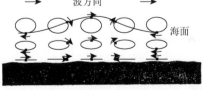

(b) 考虑海底边界影响

图 2-7　海面风浪运动示意图

由式（2-34）可见，当 k 很大时，即小波长，则第二项起主导作用，这就是毛细波情况。此时有

$$\omega^2 = \frac{\alpha_t k^3}{\rho} \qquad (2\text{-}36)$$

根据相速度与波长、频率的关系有

$$c = f\lambda \quad 或 \quad \Omega = kc \qquad (2\text{-}37)$$

于是频散关系（2-34）可改写为

$$c^2 = \frac{g}{k} + \frac{\alpha k}{\rho} = \frac{g \cdot \lambda}{2\pi} + \frac{\alpha \cdot 2\pi}{\rho\lambda} \qquad (2\text{-}38)$$

根据式（2-38）绘制的曲线如图 2-8 所示。

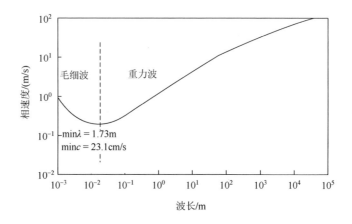

图 2-8　相速度与风浪波长的关系

相速度极小值为 23.1cm/s，对应的波长为 1.73cm，它可以作为毛细波和重力波的分界。当 $\lambda>1.73$cm 时，可认为是重力波；当 $\lambda<1.73$cm 时是毛细波。

2.3.2　海浪谱

将海面波浪的运动情况描写为具有单一波长的过程，显然是太简化了。实际上，波浪是一个非周期的不规则的复杂过程，因此把它描述为具有不同振幅、不同波长、不同传播方向的波的叠加更切合实际。通常使用谱的概念来描述这种过程，海洋波浪频率与其幅度关系的谱，称为波高的"频谱"。实际的波浪海面是一个统计非平整表面，因此常用波高的功率谱或相关函数来描写。在海洋中固定一点来观察其波高随时间的变化，可以看到它是一个准平稳随机过程（图 2-9），其相应的自相关函数 $R(\tau)$ 及归一化功率谱 $S(\omega)$ 如图 2-10（a）和（b）所示。

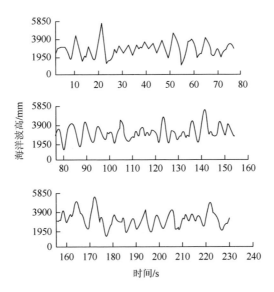

图 2-9　观察点波高随时间的变化关系

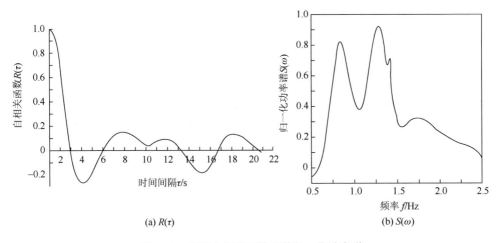

(a) $R(\tau)$　　　　　　　　　　　　　　(b) $S(\omega)$

图 2-10　海浪自相关函数及其归一化功率谱

关于海浪谱已经有些研究成果，例如，Neumann 和 Pierson[32]给出了如下海浪谱：

$$S(\omega) = \frac{c_{\text{wave}}}{4\omega^6} \exp\left(-\frac{2g^2}{\omega^2 v^2}\right) \tag{2-39}$$

式中，$c_{\text{wave}} = 4.8 \text{m}^2/\text{s}^5$；$g = 9.8 \text{m}/\text{s}^2$；$v$ 为风速（m/s）；ω 为波浪的角频率。

在水声场分析计算中，目前大家经常采用的是 Pierson 和 Moskowitz[33]提供的 P-M 谱。P-M 谱与观测谱的比较如图 2-11 所示。它是充分发展的风动重力波谱，是一个有方向的谱：

$$S(\omega;\theta) = \frac{ag^2}{\omega^5}\exp(-\beta(\omega_0/\omega)^4)\cdot F(\omega,\theta^*,v) \qquad （2\text{-}40）$$

式中，$a = 8.1\times10^{-3}$；$\beta = 0.74$；$\omega_0 = g/v_{19.5}$，$v_{19.5}$ 为海面上 19.5m 处的风速（m/s）；$F(\omega,\theta^*,v)$ 为波谱的束宽因子，它与波的角频率、风速与风向的夹角 θ 有关。

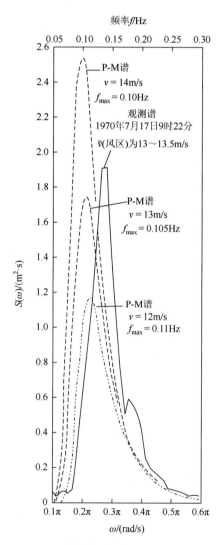

图 2-11　风浪谱的观测值与 P-M 谱模型预报值对比

在水声场的理论分析中，对随机海面的描述是随机位移 ξ，其均方值 $\sigma_\xi = \langle \xi^2 \rangle^{1/2}$ 是一个经常引入声场分析中描述海面的统计参量。它与海洋学中经常使用的平均波高 $\langle H \rangle$ 和 $p\%$ 保证率波高 $H_{p\%}$ 之间有如下关系：

$$H_{p\%} \equiv \sigma_{\xi} \left(-8\lg\left(\frac{p\%}{100}\right)\right)^{1/2} \tag{2-41}$$

$$\sigma_{\xi} = 0.19H_{3\%} = 0.20H_{1/10} = 0.25H_{1/3}$$

$$= (2\pi)^{-1/2}\langle H\rangle = 2^{-3/2}\langle H^2\rangle^{1/2} \tag{2-42}$$

式中，H 为由波峰到波谷的距离，海洋学中最常用的是 $H_{1/3}$，有时称为显著性波高或有效波高。

由海波谱可以给出风速 v 与 σ_{ξ} 之间的关系，例如，对于 Pierson-Neumann 谱，有

$$\sigma_{\xi} = 0.18 \times 10^{-2} \cdot v^{2.5} \tag{2-43}$$

对于 P-M 谱，有

$$\sigma_{\xi} = 0.53 \times 10^{-2} \cdot v^2 \tag{2-44}$$

式中，σ_{ξ} 以 m 为单位；风速 v 以 m/s 为单位。

2.4 海洋中的局部非均匀体

2.4.1 温度微结构水团

即使在充分混合的等温层，也会观察到温度随时间和空间的起伏变化。用灵敏的、时间常数极短的温度计测量表明，海中一定点上的温度是时间的随机函数，即不同时刻的温度值无规则地变化着。而同一时刻空间不同点上的温度也随机分布，即同一瞬间空间各点上的温度是空间坐标的随机函数。图 2-12 是实测的海面附近声速起伏的例子[34]。

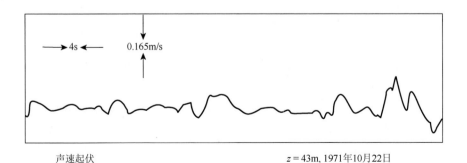

图 2-12 实测海面附近声速起伏

在温度跃层附近，由于内波扰动，在固定点能够观测到周期长、幅度大的温度起伏，在数分钟到几个小时的周期内经常能观察到几摄氏度的温度大幅度起伏（可参看图 2-12），而在混合层内测量时，则经常观察到尺度较小、幅度也较小的起伏。这种起伏来源于湍流，与内波的不同之处是它基本上可以看成各向同性的，其空间-时间尺度均较小，因此称为"微"结构。

在一定的时间和空间范围内，可以认为这一过程在时间上是平稳的，在空间上是均匀各向同性的。

湍流温度起伏的特性一般用温度起伏的均方差 $\bar{\mu}^2 \equiv \overline{\left(\dfrac{\Delta c}{c_0}\right)^2}$ 和"微"结构的尺寸即相关半径 a 来描述。在这种描述下，可以将温度"微"结构形象地看成具有一定温度和一定大小的水团，这些水团在空间随机地分布。当声信号通过这些水团时将产生折射和散射，从而使接收点的信号产生起伏。

在不同的海区用不同的方法，测得的 $\bar{\mu}^2$ 和 a 的数据差别很大，$\bar{\mu}^2$ 大致在 $10^{-9}\sim$ 10^{-8} 范围内。a 的数据就更为分散，例如，在原始的测量中，Urick 和 Searfoss 在基韦斯特海区，深约 6.096m 混合层中测得 a 约为 5m，Liebermann[35]在加利福尼亚近岸海区 50m 深处测得 a 为 60cm。后来在南百慕大（Bermuda）用不同方法又测得不同的数据：Urick 测得 $a = 3.048$m，而 Kennedy[36]测得 a 为 46～50m。当然在这些分散的数据当中，包含多种因素，各种实验时环境因素的未知性差异，以及分析方法和实验方法上的差异，导致有些数据可能包含内波的影响。文献[37]还报道了一次得到较大起伏结构的实验结果，通过对信号到达时间的统计，反推得到 $\bar{\mu}^2 = 10^{-6}$，$a = 100$m。从结果来看，这方面还有待进一步的实验研究和理论研究。

2.4.2　生物散射体及深水散射层

深水散射层是全球各大洋深水域中普遍存在的生物体聚居的水平层，层中有较密集的浮游生物（图 2-13）及鱼类。这些生物体的气囊受声波照射时，能引起共振，产生声散射，产生较大的混响背景。因为生物体随纬度、深度、昼夜时间和季节的变化而变化，弄清散射层的规律一方面对声呐的使用和设计有很大意义，另一方面对环境和生态学的研究也很有意义。

深水散射层早在第二次世界大战期间就已发现，随着研究学者对水声学、生物学和海洋学开展广泛的综合研究，近年来已经在深水散射层研究方面取得了较大进展。

在浅海有时也出现浮游生物散射层。例如，在黄海和渤海曾经观察到有哲水蚤、真刺唇角水蚤、强壮箭虫以及太平洋磷虾等浮游生物存在于主跃层附近。

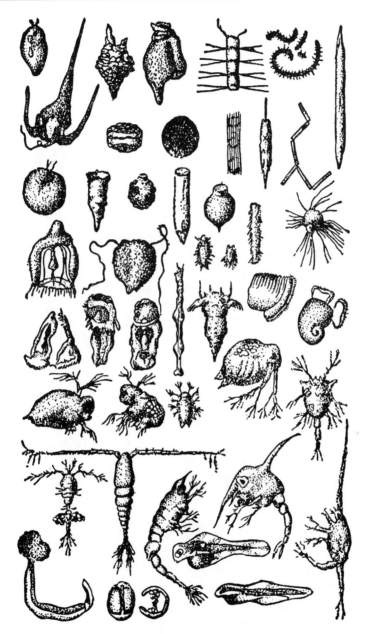

图 2-13 各种浮游生物

　　从各大洋区大量声学测量的资料来看，除冰岛北和极峰西北海区没有固定的散射层，全球海洋都存在深水散射层，甚至在浅海也观察到生物散射层。由于生物群体在海洋中有不同的深度分布，散射层的结构是多层的。每一层中都有占优势的散射体尺寸，由于散射体的几何尺寸与起主要声散射作用的气囊有一定关系，如深海鱼，Haslett[37]给出了其简单关系：

$$L = 22R \qquad (2-45)$$

式中，L 为鱼长；R 为气囊的有效半径。因此，不同的深水散射层可能有不同的显著散射频率。R 与共振频率 f_R 的关系为

$$f_R = \frac{1}{2\pi R}\left(\frac{3\gamma P_0 + 4\mu_1}{\rho}\right)^{1/2} \qquad (2-46)$$

式中，f_R 为共振频率（Hz）；R 为气囊的有效半径（cm）；P_0 为静压力（dyn/cm，1dyn = 10^{-5}N）；γ 为气体定压比热容与定容比热容的比值（1.40）；μ_1 为鱼组织复数切变模量的实部；ρ 为海水密度（g/cm^3）。深度大于 200m 以后，$4\mu_1$ 比 $3\gamma P_0$ 小很多，可忽略不计，于是式（2-46）退化为相同体积的气泡的共振频率公式。

通常描述深水散射层的声散射性能的物理量是"柱散射强度"，简称柱强度，定义为

$$S_0 = 10\lg\int_{z_1}^{z_2}\left(P_s^2/P_i^2\right)\mathrm{d}z = 10\lg\int_{z_1}^{z_2}10^{S_v(z)/10}\mathrm{d}z \qquad (2-47)$$

式中，z 为深度（m）；z_1、z_2 为深度极限；$S_v(z)$ 为这个区间的散射强度；P_s^2 为单位散射体声学中心 1m 距离处散射声压的平方；P_i^2 为入射在单位散射体上平面波的声压的平方。散射强度 S_v 的定义为

$$S_v = 10\lg\frac{I_s}{I_i} \qquad (2-48)$$

式中，I_s 为距 1m^3 单位散射体声学中心 1m 处的散射声强度；I_i 为入射到单位散射体上平面波的声强度。

概括大量测量得到的深水散射层的特征有下列几点：

（1）深水散射层存在于全球各大洋（北极区、南极区、极峰西北没有固定层）。深水散射层白天深度在 200～1000m，一般具有多分层结构。典型的南太平洋新西兰海区在 450m 处有 5kHz 和 12kHz 的主散射层；印度洋在 400m 处有 5kHz 的散射层；北大西洋有三种层，即 400m 处的 13kHz 散射层、600m 处的 7kHz 散射层、850m 处的 5.5kHz 散射层，散射层的厚度一般为 200～400m。印度洋赤道附近还有位于 1700m 深处的 3.5kHz 低频散射层，所有洋区 5kHz 共振频率的散射层最普遍。

（2）从南极区（60°S）边界到北部北方生物带（60°N）的区域内，深水散射层都存在昼夜移栖、昼降夜升、散射强度黑夜值比白天值大的现象（图 2-14 和图 2-15）。图 2-16 是用回声测深仪测得的深水散射层，频率为 12kHz，由图可见明显的移栖过程。

（3）各大洋测得的柱强度，在 0.8～31.5kHz 频率范围内为 –35～–78dB。散射强度随频率的变化没有明显的关系，一般地，既不是瑞利的按 4 次方增加，也不是与频率无关的几何散射，而可能是两者同时出现的共振散射体，类似于柔软的

可变气泡。这种气泡在移栖过程中保持体积不变，而当改变气囊中的压力时，会引起共振频率的变化。

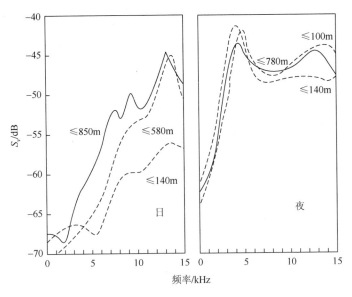

图 2-14 深水散射层的昼夜变化[31]

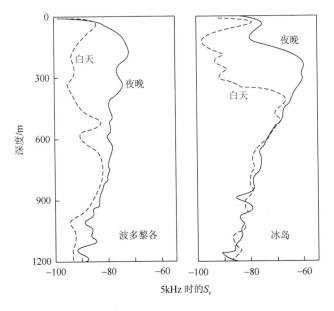

图 2-15 不同海域的深水散射层[31]

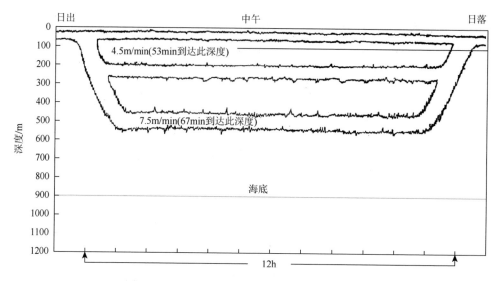

图 2-16　回声测深仪测得的深水散射层的变化[10]

参 考 文 献

[1]　汪德昭，尚尔昌. 水声学. 2 版. 北京：科学出版社，2013.

[2]　Medwin H. Speed of sound in water：A simple equation for realistic parameters. The Journal of the Acoustical Society of America，1975，58（6）：1318-1319.

[3]　Wilson W D. Equation for the speed of sound in sea water. The Journal of the Acoustical Society of America，1960，32（10）：1357.

[4]　Liebermann L N. The origin of sound absorption in water and in sea water. The Journal of the Acoustical Society of America，1948，20（6）：868-873.

[5]　Schulkin M，Marsh H W. Sound absorption in sea water. The Journal of the Acoustical Society of America，1962，34（6）：864-865.

[6]　Thorp W H. Deep-ocean sound attenuation in the sub- and low-kilocycle-per-second region. The Journal of the Acoustical Society of America，1965，38（4）：648-654.

[7]　Thorp W H. Analytic description of the low-frequency attenuation coefficient. The Journal of the Acoustical Society of America，1967，42（1）：270.

[8]　Mellen R H，Browning D G. Variability of low-frequency sound absorption in the ocean：pH dependence. The Journal of the Acoustical Society of America，1977，61（3）：704-706.

[9]　Mellen R H，Browning D G. Attenuation in surface ducts. The Journal of the Acoustical Society of America，1978，63（5）：1624-1626.

[10]　Schulkin M. Basic acoustic oceanography. Naval oceanographic office reference publication I. Washington：Department of the Navy，1975.

[11]　Munk W H. Sound channel in an exponentially stratified ocean，with application to SOFAR. The Journal of the Acoustical Society of America，1974，55（2）：220-226.

[12] Biot M A. Theory of propagation of elastic waves in a fluid-saturated porous solid. I. Low-frequency range. The Journal of the Acoustical Society of America, 1956, 28（2）: 168-178.

[13] Biot M A. Generalized theory of acoustic propagation in porous dissipative media. The Journal of the Acoustical Society of America, 1962, 34（9A）: 1254-1264.

[14] Hampton L. Physics of Sound in Marine Sediments. New York: Plenum Press, 1974.

[15] Hamilton E L. Compressional-wave attenuation in marine sediments. Geophysics, 1972, 37（4）: 620-646.

[16] Hamilton E L. Sound attenuation as a function of depth in the sea floor. The Journal of the Acoustical Society of America, 1976, 59（3）: 528-535.

[17] Hampton L D. Acoustic properties of sediments. The Journal of the Acoustical Society of America, 1967, 42（4）: 882-890.

[18] McCann C. Compressional wave attenuation in concentrated clay suspensions. Acustica, 1969, 22: 352-356.

[19] Buckingham M J. Theory of acoustic attenuation, dispersion, and pulse propagation in unconsolidated granular materials including marine sediments. The Journal of the Acoustical Society of America, 1997, 102（5）: 2579-2596.

[20] Buckingham M J. Theory of compressional and shear waves in fluidlike marine sediments. The Journal of the Acoustical Society of America, 1998, 103（1）: 288-299.

[21] Buckingham M J. Wave propagation, stress relaxation, and grain-to-grain shearing in saturated, unconsolidated marine sediments. The Journal of the Acoustical Society of America, 2000, 108（6）: 2796-2815.

[22] Buckingham M J. Compressional and shear wave properties of marine sediments: Comparisons between theory and data. The Journal of the Acoustical Society of America, 2005, 117（1）: 137-152.

[23] Buckingham M J. On pore-fluid viscosity and the wave properties of saturated granular materials including marine sediments. The Journal of the Acoustical Society of America, 2007, 122（3）: 1486-1501.

[24] Hamilton E L. Geoacoustic modeling of the sea floor. The Journal of the Acoustical Society of America, 1980, 68（5）: 1313-1340.

[25] Shumway G. Sound speed and absorption studies of marine sediments by a resonance method. Geophysics, 1960, 25（2）: 451-467.

[26] Akal T. Acoustical Characteristics of the Sea Floor: Experimental Techniques and Some Examples from the Mediterranean Sea//Hampton L. Physics of Sound in Marine Sediments. Boston: Springer, 1974: 447-480.

[27] Hamilton E L. Compressional-wave attenuation in marine sediments. Geophysics, 1972, 37（4）: 620-646.

[28] Li Q, Shi J C, Chen K S. A generalized power law spectrum and its applications to the backscattering of soil surfaces based on the integral equation model. IEEE Transactions on Geoscience and Remote Sensing, 2002, 40（2）: 271-280.

[29] Shang E C, Gao T F, Wu J R. A shallow-water reverberation model based on perturbation theory. IEEE Journal of Oceanic Engineering, 2008, 33（4）: 451-461.

[30] Cole B F. Marine sediment attenuation and ocean-bottom-reflected sound. The Journal of the Acoustical Society of America, 1965, 38（2）: 291-297.

[31] Clay C C, Medwin H. Acoustical Oceanography. New Jersey: John Wiley & Sons, 1977.

[32] Neumann G, Pierson W J. Principles of Physical Oceanography. Englewood Cliffs: Prentice-Hall, 1966.

[33] Pierson W J, Moskowitz L. A proposed spectral form for fully developed wind seas based on the similarity theory of S. A. Kitaigorodskii. Journal of Geophysical Research, 1964, 69（24）: 5181-5190.

[34] Phillips O M. The Dynamics of the Upper Ocean. Cambridge: Cambridge University Press, 1966.

[35]   Liebermann L. The effect of temperature inhomogeneities in the ocean on the propagation of sound. The Journal of Acoustical Society of America，1951，23（5）：563-570.

[36]   Kennedy R M. Phase and amplitude fluctuations in propagating through a layered ocean. The Journal of the Acoustical Society of America，1969，46（3B）：737-745.

[37]   Haslett R G. Acoustic backscattering cross sections of fish at three frequencies and their representation on a universal graph. British Journal of Applied Physics，1965，16（8）：1143-1150.

第3章 浅海混响模型

浅海混响模型可以分为基于混响现象的模型和基于物理散射的模型两类，第一类采用经验散射函数，不需要清晰的散射源信息，第二种混响模型基于物理散射过程，物理图像清晰，需要考虑产生散射的粗糙界面及不均匀体积信息。本章分别以典型的示例来介绍两类浅海混响模型。

3.1 浅海简正波混响模型

本节描述一种快速、实用的浅海收发合置简正波混响模型，模型主要基于水声传播研究的简正波理论和射线-简正波类比方法。简正波理论用于描述声能从声源到散射微元和从散射微元到接收水听器的传播过程；在散射微元处，每号简正波分解成上行波与下行波；对于海底混响，下行波视为入射声场，然后利用经验散射函数计算出混响能量。

早在 20 世纪 60 年代，Bucker 和 Morris[1]就提出这种利用简正波理论进行海洋混响计算的方法；张仁和和金国亮[2]推广了这种方法，使得它可以计算声速剖面为任意形式的分层介质海洋中的混响；Ellis[3]总结了这种混响计算方法，并且利用群速度给出了时域上的混响强度曲线；LePage[4]继续发展了这种方法，并研究了收发合置混响时域特性与声源宽度、声源-接收水听器深度和波导传播特性的关系；俄罗斯的 Grigor'ev 等[5]在以往工作的基础上给出了一个模型描述了浅海混响场（反向散射场）的统计特性和干涉现象。

现有水声传播简正波理论已经能计算相对复杂情况下的声场，显然它也能计算相对复杂情况下的混响声场。但是考虑到计算的复杂性与计算量的大小，简正波混响理论还是主要适用于海洋环境特性随水平距离变化不大的情况。因为通常情况下，特别是负梯度声速剖面时[6]，浅海混响主要是由海底散射引起的，所以本模型只考虑海底混响，而忽略其他因素产生的混响。

3.1.1 射线理论和简正波理论描述混响的方法

以往混响模型大多是基于射线理论或者简正波理论[3]，利用射线理论描述单站混响的方法如图 3-1 所示。

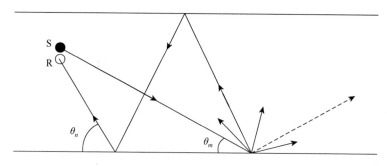

图 3-1　射线理论描述单站混响示意图

混响强度可以表示为

$$R(t) = I_0 \iint_{A(t)} \sum_m \sum_n H_m(r_{mn}) H_n(r_{mn}) S_{mn} \mathrm{d}A_{mn} \tag{3-1}$$

式中，$R(t)$ 为 t 时刻的混响强度；I_0 为时段 τ_0 的声源强度；$\mathrm{d}A_{mn}$ 为散射微元；H_m 为从声源到散射微元 $\mathrm{d}A_{mn}$ 沿路径 m 的传输函数；H_n 为从散射微元 $\mathrm{d}A_{mn}$ 到接收水听器沿路径 n 的传输函数；S_{mn} 为单位面积从入射路径 m 到路径 n 的散射强度；r_{mn} 为从声源或水听器到散射微元 $\mathrm{d}A_{mn}$ 的水平距离。求和包括了连接声源/水听器和散射微元的所有路径，积分是在时刻 t 对混响有贡献的散射面积的积分。

图 3-1 表明了用射线理论解释混响的方法：声能从声源沿声线路径 m 传到距离为 r_{mn} 处，在海底触及散射微元 $\mathrm{d}A_{mn}$。大部分的能量被散射或透射进海底，散射微元起到指向性再辐射的作用，将一些能量散射到所有方向上，其中一些散射能量沿路径 n 传输到接收水听器。H_m 和 H_n 项指单个声线的传播损失，散射函数 $S_{mn} = S(\theta_m, \theta_n, \phi)$ 定义为入射声线掠射角 θ_m、散射声线掠射角 θ_n 和方位角 ϕ 的函数。混响是所有出射路径和散射返回路径的总和，并在时刻 t 将对混响有贡献的散射面积积分。在深海，对散射有贡献的路径相对较少，所以深海混响利用射线传播理论的混响模型较多；但是在浅海，对散射有贡献的路径则很多，所以简正波理论常用于浅海传播的研究。

图 3-2 表明用简正波理论描述单站混响的方法：第 m 号简正波的能量从声源处向外传播，一些能量在散射微元被反向散射到每一号简正波 n；再散射的能量返回接收水听器。两个求和号是对所有号简正波的求和，它代替了声线。H_m 和 H_n 项指单号简正波的传播损失，散射由各号简正波散射函数 $S_{mn} = S(k_m, k_n, \phi)$ 表示，它可以与不同入射角和散射角的平面波散射函数对应。在射线理论中，传播时间、散射角、与脉冲长度 τ_0 有关的散射面积定义都很明确，而简正波理论中并没有定义清楚传播时间，原则上需要 Fourier 变换来合成传播时间，这里用简正波群速度和射线简正波理论来发展一种实用的简正波混响理论。

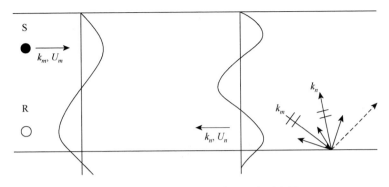

图 3-2 简正波理论描述单站混响示意图

3.1.2 接收水听器处的声场

假设产生混响的海域海底平坦，水文环境仅与深度 z 有关，与距离和方位无关，则对声波满足的方程进行 Fourier 变换后，可以利用二维 Helmholtz 方程表示[7]，不考虑密度的变化，有

$$\frac{1}{r}\frac{\partial}{\partial r}\left(r\frac{\partial p}{\partial r}\right)+\frac{\partial^2 p}{\partial z^2}+\frac{\omega^2}{c^2(z)}p=-\frac{2\delta(r)\delta(z-z_0)}{r} \tag{3-2}$$

利用分离变量技术，按以下形式寻找非强迫方程的解：$p(r,z)=R(r)Z(z)$。将此式代入式（3-2），再除以 $R(r)Z(z)$ 后得

$$\frac{1}{R}\left[\frac{1}{r}\frac{d}{dr}\left(r\frac{dR}{dr}\right)\right]+\frac{1}{Z}\left[\frac{d^2 Z}{dz^2}+\frac{\omega^2}{c^2(z)}Z\right]=0 \tag{3-3}$$

两个方括号的内容分别是 r 和 z 的函数，因此使该方程能够满足的唯一方法是让每个部分为常数。用 k_m^2 表示这一分离常数，就得到以下本征方程：

$$\frac{d^2 Z_m(z)}{dz^2}+\left(\frac{\omega^2}{c^2(z)}-k_m^2\right)Z_m(z)=0 \tag{3-4}$$

以上微分方程是经典的 Sturm-Liouville 特征值问题，它的特性是众所周知的。假定 $c(z)$ 是实函数，将这些特性简要概括如下：本征方程有无限个类似于振动弦模式的解；模式用本征函数 $Z_m(z)$ 和水平波数 k_m 表征；这些水平波数类似于振动频率，各不相同；函数 $Z_m(z)$ 是本征函数，k_m 或 k_m^2 是本征值；第 m 个模式在 $[0,H]$ 区间内有 m 个零值；相应的本征值 k_m^2 全为实数，且次序为 $k_1^2>k_2^2$。还可以证明，所有的本征值都小于 ω/c_{min}，这里 c_{min} 是所讨论问题中的最小声速。另外，这类 Sturm-Liouville 问题的模式是正交的，即

$$\int_0^D Z_m(z)Z_n(z)dz=\begin{cases}1, & m=n \\ 0, & m\neq n\end{cases} \tag{3-5}$$

由式（3-5）容易看出，本征方程的解对于乘法常数是不定的。为了简化最后结果，假定模式是按比例标度的（归一化的），使得

$$\int_0^D Z_m^2(z)\mathrm{d}z = 1 \tag{3-6}$$

最后一点是，这些模式构成一个完备集，这意味着可以把任意函数表示成简正模式之和。可以将传播声场声压写为

$$p(r,z) = \sum_{m=1}^{\infty} R_m(r)Z_m(z) \tag{3-7}$$

将式（3-7）代入式（3-2），得

$$\sum_{m=1}^{\infty}\left[\frac{1}{r}\frac{\mathrm{d}}{\mathrm{d}r}\left(r\frac{\mathrm{d}R_m(r)}{\mathrm{d}r}\right)Z_m(z) + R_m(r)\left(\frac{\mathrm{d}Z_m^2(z)}{\mathrm{d}z^2} + \frac{\omega^2}{c^2(z)}Z_m(z)\right)\right] = -\frac{2\delta(r)\delta(z-z_0)}{r} \tag{3-8}$$

方括号中的项还可以利用本征方程（3-3）进一步简化，得

$$\sum_{m=1}^{\infty}\left\{\frac{1}{r}\frac{\mathrm{d}}{\mathrm{d}r}\left(r\frac{\mathrm{d}R_m(r)}{\mathrm{d}r}\right)Z_m(z) + k_m^2 R_m(r)Z_m(z)\right\} = -\frac{2\delta(r)\delta(z-z_0)}{r} \tag{3-9}$$

对式（3-9）进行以下运算：

$$\int_0^H (\cdot)Z_n(z)\mathrm{d}z \tag{3-10}$$

由于 $Z_m(z)$ 具有式（3-5）给出的正交性，求和式中只有第 n 项保留下来，从而得到

$$\frac{1}{r}\frac{\mathrm{d}}{\mathrm{d}r}\left(r\frac{\mathrm{d}R_n(r)}{\mathrm{d}r}\right) + k_n^2 R_n(r) = -\frac{2\delta(r)Z_n(z_s)}{r} \tag{3-11}$$

这是一个标准方程，它的解用 Hankel 函数给出为

$$R_n(r) = \mathrm{i}\pi Z_n(z_s)\mathrm{H}_0^{(1,2)}(k_n r) \tag{3-12}$$

选择 $\mathrm{H}_0^{(1)}$ 还是 $\mathrm{H}_0^{(2)}$ 取决于辐射条件，辐射条件规定当 $r\to\infty$ 时能量应该向外辐射。因为已经省去了时间关系 $\exp(-\mathrm{i}\omega t)$，故采用第一类 Hankel 函数。同时计及这一点时就得到

$$p(r,z) = \mathrm{i}\pi\sum_{m=1}^{\infty} Z_m(z_s)Z_m(z)\mathrm{H}_0^{(1)}(k_m r) \tag{3-13}$$

理论上波导中应该存在若干号简正波，但是高号简正波在距离稍远的地方就衰减掉了，所以实际上只考虑对声场起主要作用的前 m 号简正波。上面的简正波理论推导中，没有考虑简正波的衰减，为了考虑衰减，假设简正波波数中有一衰减项，即 $K_m = k_m + \mathrm{i}\delta_m$。于是在浅海波导中深度 z_s 处的一个单位强度点源所产生的声压场可以表示为

$$p(r,z) = \mathrm{i}\pi\sum_{m=1}^{M} Z_m(z_s)Z_m(z)\mathrm{H}_0^{(1)}(K_m r) \tag{3-14}$$

式中，z 为深度坐标（正方向是从海洋表面向下，海洋表面为零）；r 为水平距离；M 为浅海波导中有效传播的简正波数；Z_m 为本征函数；$H_0^{(1)}$ 为零阶第一类 Hankel 函数；K_m 为包括衰减的波数，$K_m = k_m + \mathrm{i}\delta_m$，在频率 $f = \omega/(2\pi)$ 处的时间因子 $\mathrm{e}^{-\mathrm{i}\omega t}$ 被忽略。对于 Pekeris 波导（上层介质声速为 c_0，下层介质声速为 c_1，海深为 H），有

$$M = \left[\frac{\omega H}{c_0 \pi} \sqrt{1 - \left(\frac{c_0}{c_1}\right)^2} + \frac{1}{2} \right]_{\text{整数部分}} \tag{3-15}$$

Hankel 函数的渐进表达式为

$$H_0^{(1)}(K_m r) = \sqrt{\frac{2}{\pi k_m r}} \mathrm{e}^{\mathrm{i}(K_m r - \pi/4)} \tag{3-16}$$

再加上 $\mathrm{e}^{\mathrm{i}\pi/4} = \sqrt{\mathrm{i}}$，$m$ 号简正波的贡献就可以写为

$$P_m(r, z) = (2\pi\mathrm{i})^{1/2} Z_m(z_s) Z_m(z) \frac{\mathrm{e}^{\mathrm{i}k_m r_e} \mathrm{e}^{-\delta_m r}}{(k_m r)^{1/2}} \tag{3-17}$$

式中，r_e 为有效距离。

这里一个很重要的问题就是表达式 $P_m(r, z)$ 不能表示入射声场，因为它包括入射场分量和反射场分量；一般的压力释放边界条件 $Z_m(0) = 0$ 表明在海洋表面 $z = 0$ 处声场为零，但是这并不意味着入射场为零，而是上行波与下行波抵消了。一般来说，在边界附近的本征函数可以写为

$$Z_m(z) = A_m(z)(\mathrm{e}^{-\mathrm{i}\psi_m(z)} + R\mathrm{e}^{\mathrm{i}\psi_m(z)}) \tag{3-18}$$

式中，$A_m(z)$ 为本征函数的振幅；$\psi_m(z)$ 为垂直相位；$R = |R|\mathrm{e}^{\mathrm{i}\varphi}$ 为反射系数（在海洋表面 $R = -1$）；模式的振幅 $A_m(z)$ 是和本征函数平面波包络等价的，WKB（Wentzel、Kramers、Brillouin 三个人名的首字母）近似中的垂直相位是这样给出的：

$$\psi_m(z) = \psi_m(z_u) + \int_{z_u}^{z} \gamma_m(z)\mathrm{d}z \tag{3-19}$$

其中，$\gamma_m^2(z) = \omega^2 / c^2(z) - k_m^2$，$c(z)$ 为声速剖面；z_u 为本征函数上方的反转点。

式（3-18）中 $Z_m(z)$ 在经典的反转点之间可以写为

$$Z_m(z) = 2A_m(z)\sin(\gamma_m(z)z + \chi_m(z)) \tag{3-20}$$

式中，$A_m(z)$ 和 $\chi_m(z)$ 随深度变化很慢。在各向同性水体中，$A_m(z) \approx (2h)^{-1/2}$，$\chi_m(z) = 0$ 和 $\gamma_m(z)$ 都是和深度 z 无关的。对于稍加复杂的声速剖面 $c(z)$，本征函数的幅度可以写为

$$4|A_m(z)|^2 = [Z_m(z)]^2 + \gamma_m^{-2}\left(\frac{\mathrm{d}Z_m}{\mathrm{d}z}\right)^2 \tag{3-21}$$

式中，γ_m 为垂直波数，相位可以用 $\tan\psi_m(z) = \arctan(\gamma_m Z_m(z)/(\mathrm{d}Z_m/\mathrm{d}z)) + n\pi$ 来表示。这个方法可以应用于任意复杂声速剖面的情况，不单是各向同性层。

式（3-18）适用于海洋表面的上行波；对于海底附近的下行波 ψ_m，符号相反

即可。所以采用式（3-18）中的第一项表示入射场。综合式（3-18）的第一项和式（3-17）给出在海底 z_b 处第 m 号简正波的入射场为

$$P_m^{\text{inc}}(r,z_b) = (2\pi i)^{1/2} Z_m(z_s) A_m(z_b) \frac{e^{i(k_m r + \psi_m(z_b))}}{(k_m r)^{1/2}} e^{-\delta_m r} \qquad (3\text{-}22)$$

利用互易原理，可以得到从海底散射微元沿 n 号简正波传到深度 z_r 处的声压场为

$$P_n^{\text{scatt}}(r,z_b) = (2\pi i)^{1/2} Z_n(z_r) A_n(z_b) \frac{e^{i(k_n r + \psi_n(z_b))}}{(k_n r)^{1/2}} e^{-\delta_n r} \qquad (3\text{-}23)$$

为了获得接收水听器处的声压，定义一种散射函数：

$$g_{mn} = |g_{mn}| e^{i\varphi_{mn}} \qquad (3\text{-}24)$$

散射函数 g_{mm} 的振幅和相位都和水平距离、方位角有关，这里仍然继续写上相位项。但是，因为最终要在有限的散射面积上积分，实际上本节将要用建立在经验散射函数基础之上的平均振幅散射函数，而不考虑相位信息，即 $g_{mm} = |g_{mm}|$。

综合考虑式（3-22）～式（3-24）并叠加上所有的简正波，可以给出接收水听器处的反向散射声压场（收发合置混响场）：

$$P_{\text{rev}}(r) = \frac{2\pi i}{r} \sum_{m=1}^{M} Z_m(z_s) A_m(z_b) \frac{e^{-\delta_m r}}{\sqrt{k_m}} e^{i(k_m r + \psi_m(z_b))}$$

$$\cdot \sum_{n=1}^{M} Z_n(z_r) A_n(z_b) \frac{e^{-\delta_n r}}{\sqrt{k_n}} e^{i(k_n r + \psi_n(z_b))} |g_{mn}| e^{i\varphi_{mn}} \qquad (3\text{-}25)$$

对式（3-25）进行平方相干叠加与平方非相干叠加可以获得相干混响强度和非相干混响强度，分别为

$$R_{\text{coh}}(t) = (2\pi)^3 \frac{c_p}{2} \int_0^{\tau_0} \frac{I_0(\tau)}{r} \left| \sum_m \left(Z_m(z_s) A_m(z_b) \frac{e^{-\delta_m r}}{\sqrt{k_m}} \right) e^{i(k_m r - \psi_m(z_b))} \right.$$

$$\left. \cdot \sum_n \left(Z_n(z_r) A_n(z_b) \frac{e^{-\delta_n r}}{\sqrt{k_n}} \right) e^{i(k_n r - \psi_n(z_b))} |g_{mn}| e^{i\varphi_{mn}} \right|^2 d\tau \qquad (3\text{-}26)$$

式中，$r = c_g / [2(t-\tau)]$。

式（3-25）的平方非相干叠加得到混响强度，对于混响强度研究，特别是爆炸声混响平均强度研究，可以利用非相干混响强度来表示：

$$R_{\text{inc}}(t) = (2\pi)^3 \frac{c_p}{2} \int_0^{\tau_0} \frac{I_0(\tau)}{r} \sum_m \left(Z_m^2(z_s) |A_m(z_b)|^2 \frac{e^{-2\delta_m r}}{k_m} \right)$$

$$\cdot \sum_n \left(Z_n^2(z_r) |A_n(z_b)|^2 \frac{e^{-2\delta_n r}}{k_n} \right) |g_{mn}|^2 d\tau \qquad (3\text{-}27)$$

式（3-27）即常用的简正波混响强度模型。

3.1.3　传播时间计算方法

通常计算边界混响的方法是对初始脉冲照射到的散射面积贡献的水听器接收强度进行积分，假设初始脉冲为 $I_0(t)$，$0 < t < \tau_0$，则

$$R(t) = \int_{A(t)} I_0(\tau) \, | \, P_{\text{rec}}(r) \, |^2 \, \mathrm{d}A(r, \tau) \qquad （3-28）$$

式中，$\mathrm{d}A(r, \tau)$ 为水平距离 r 处脉冲照射的散射微元，在时刻 t 脉冲照射到的所有面积上积分即可得到 t 时刻的混响值。这里研究了水平距离 r 和声能传播时间 $t-\tau$ 之间的关系，由于不同路径的原因，给定水平距离处返回的混响信号到达水听器的时间并不相同，这里讨论利用简正波群速度计算传播时间的方法。

研究射线-简正波类比可以得出每号简正波都有自己对应的传播时间，每对入射-散射简正波都有对应的散射区域，这种联系是通过群速度来完成的。它的好处是允许模型中由于时间扩展而引起的差异效应，本节利用非相干求和来将这种方法限制在浅海。混响强度可以写成下面的形式：

$$R_{\text{gvel}}(t) = \int_0^{\tau_0} I_0(\tau) \sum_m | \, P_m^{\text{inc}}(r_{mn}, z_b) \, |^2 \times \sum_n | \, P_n^{\text{scatt}}(r_{mn}, z_b) \, |^2 | \, g_{mn} \, |^2 \, \mathrm{d}A_{mn} \quad （3-29）$$

本节讨论用射线-简正波类比来获得传播时间和散射面积的表达式。

脉冲传播时间和简正波的群速度有关（类似于声线周期距离除以周期时间），这与图 3-3 所示的那样，第 m 号简正波到水平距离 r 的传播时间为 $t_m = r/u_m$，其中 u_m 是第 m 号简正波的群速度，所以对于水平距离 r_{mn} 上第 n 号简正波返回的传播时间为

$$t_{mn} = t_m + t_n = \left(\frac{1}{u_m} + \frac{1}{u_n} \right) r_{mn} \qquad （3-30）$$

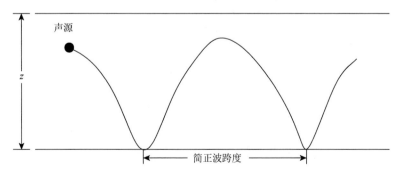

图 3-3　本征声线示意图

这只是一种近似，它与声源及水听器的深度无关，不能说明声源附近上行和下行声线路径传播时间的差异。但是对于指定的水平距离上的散射，其传播时间的差异和群速度的差异成正比。

以 m 号简正波出射，n 号简正波返回的声波传播时间为 t，由脉冲长度增加 $\mathrm{d}\tau$ 而引起的散射来自于圆环散射的面积：

$$\mathrm{d}A_{mn} = 2\pi r_{mn} \mathrm{d}r_{mn} \tag{3-31}$$

式中，r_{mn} 由式（3-30）决定；水平距离增加的步长 $\mathrm{d}r_{mn}$ 由入射角和散射角决定。必须仔细区分散射环的半径 r_{mn} 和它的增加宽度 $\mathrm{d}r_{mn}$，前者由群速度决定，而后者由界面的声线掠射角决定（通过相速度和射线-简正波类比求得）。

图 3-4 说明了脉冲的微元 $\mathrm{d}\tau$ 照射的散射环的 $\mathrm{d}r$，当反向散射（$m = n$）时，$\mathrm{d}r$ 和 $\mathrm{d}\tau$ 的关系可以用很多方法来表示：

$$c_b / 2 \cdot \mathrm{d}\tau = \cos\theta_m \mathrm{d}r = c_b / v_m \mathrm{d}r = k_m / (\omega / c_b)\mathrm{d}r \tag{3-32}$$

式中，c_b 为界面的声速；v_m 为第 m 号简正波的相速度；θ_m 为入射声波的等效掠射角。对于一般的情况，$m \neq n$，$\mathrm{d}r$ 有两种表示方法：

$$\mathrm{d}r = c_b \mathrm{d}\tau_i / \cos\theta_m \quad \text{和} \quad \mathrm{d}r = c_b \mathrm{d}\tau_s / \cos\theta_n \tag{3-33}$$

式中，$\mathrm{d}\tau_i$ 为入射路径额外的时间增量；$\mathrm{d}\tau_s$ 为出射路径额外的时间增量。因此，式（3-32）可以写为

$$(\cos\theta_m + \cos\theta_n)\mathrm{d}r = c_b(\mathrm{d}\tau_i + \mathrm{d}\tau_s) = c_b \mathrm{d}\tau \tag{3-34}$$

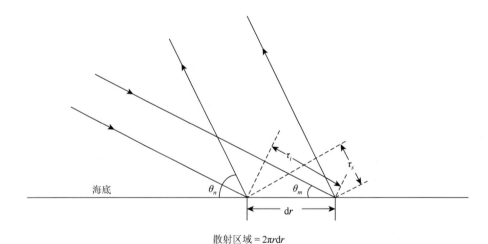

散射区域 $= 2\pi r \mathrm{d}r$

图 3-4　海底散射面积示意图

式（3-34）可以用相速度表示为

$$\mathrm{d}\tau = \left(\frac{1}{v_m} + \frac{1}{v_n}\right)\mathrm{d}r \tag{3-35}$$

利用式（3-30）和式（3-35），散射微元面积可以用相速度和群速度写为

$$\mathrm{d}A_{mn} = 2\pi \left(\frac{1}{u_m} + \frac{1}{u_n}\right)^{-1} \left(\frac{1}{v_m} + \frac{1}{v_n}\right)^{-1} t_{mn}\mathrm{d}\tau \tag{3-36}$$

基于射线理论的反向散射（$m = n$）模型经常假设等声速的情况，$u_m = c\cos\theta_m$，$v_m = c/\cos\theta_m$，于是式（3-36）可以写成常用的表达式：

$$\mathrm{d}A = \frac{1}{2}\pi c^2 t\mathrm{d}\tau \tag{3-37}$$

将式（3-22）、式（3-23）和式（3-36）代入式（3-29）得出

$$R_{\mathrm{gvel}}(t) = (2\pi)^3 \int_0^{\tau_0} I_0(\tau) \sum_m \left(Z_m^2(z_s)\,|\,A_m(z_b)\,|^2\,\frac{\mathrm{e}^{-2\delta_m r_{mn}}}{k_m r_{mn}} \right)$$
$$\cdot \sum_n \left(Z_n^2(z_r)\,|\,A_n(z_b)\,|^2\,\frac{\mathrm{e}^{-2\delta_n r_{mn}}}{k_n r_{mn}} \right)\left(r_{mn}\,\frac{v_m v_n}{v_m + v_n} \right)|\,g_{mn}\,|^2\,\mathrm{d}\tau \tag{3-38}$$

式中，$r_{mn} = [u_m u_n / (u_m + u_n)](t - \tau_0 / 2)$。

对于能量为 $E_0 = \int I_0(\tau)\mathrm{d}\tau$ 的短脉冲，式（3-38）可以写为

$$R_{\mathrm{gvel}}(t) = E_0(2\pi)^3 \sum_m \left(Z_m^2(z_s)\,|\,A_m(z_b)\,|^2\,\frac{1}{k_m} \right)$$
$$\cdot \sum_n \left(Z_n^2(z_r)\,|\,A_n(z_b)\,|^2\,\frac{1}{k_n} \right)\left(\frac{v_m v_n}{v_m + v_n}\,|\,g_{mn}\,|^2 \right)\frac{\mathrm{e}^{-2(\delta_m + \delta_n)r_{mn}}}{r_{mn}} \tag{3-39}$$

式中，$r_{mn} = [u_m u_n / (u_m + u_n)](t - \tau_0 / 2)$。

式（3-39）可以写成式（3-40）的形式：

$$R_{\mathrm{gvel}}(t) = E_0 \sum_m \sum_n C_{mn}\frac{\mathrm{e}^{-2(\delta_m + \delta_n)r_{mn}}}{r_{mn}} \tag{3-40}$$

对于长脉冲，可以用后处理的方法来得到混响，没有必要对每号简正波求积分。可以利用单位能量的无限小的脉冲来求得混响 R_δ，然后在脉冲内求积分即可得到长脉冲的混响：

$$R(t) = \int_0^{\tau_0} R_\delta(t - \tau)I_0(\tau)\mathrm{d}\tau \tag{3-41}$$

3.1.4　反向散射函数

描述反向散射中简正波本征函数的散射函数 $S_{mn} = |g_{mn}|^2$ 至今都没有严格的形

式，可以根据海洋表面和海底的性质计算出耦合矩阵。Shang 等[8]用 Bass 微扰理论给出 S_{mn}，他进一步指出本征函数的耦合矩阵和用有效掠射角 θ_m、θ_n 表示的平面波散射函数等价，即

$$S_{mn} \equiv S(\theta_m, \theta_n) \tag{3-42}$$

Yang[9]于 1993 年从边界扰动的角度出发提出更加严格的简正波散射研究方法，他的公式表明散射函数还与波数 k 有关。

现有的散射函数形式很多，包括理论推导和实验得出的经验散射函数，但大多数散射函数只适用于反向散射（$\theta_m = \theta_n$），这里给出可分离的散射函数形式：

$$S(\theta_m, \theta_n) = b(\theta_m) b(\theta_n) \tag{3-43}$$

式中，$b(\theta)$ 为测量或计算出的反向散射。这个近似可以导出一系列有用的性质，它对描述收发合置反向散射非常有用，但是这个散射函数没有考虑到方位角，所以对于收发分置散射是不适用的。

采用 Lambert 散射定律来描述海底散射：

$$S(\theta_m, \theta_n) = \mu \sin\theta_m \sin\theta_n \tag{3-44}$$

容易发现式（3-40）中的 C_{mn} 是和水平距离无关的，如果做个近似，假设简正波的相速度和群速度是相等的，那么对于所有模式的散射圈都是一样的。如果再认为散射函数是可分离的，并且声源和水听器在同一深度，那么可以简化计算混响：

$$R_{\text{gvel}}(t) = E_0 \frac{(2\pi)^3}{r} \sum_m \left(Z_m^2(z_{s/r}) \, |A_m(z_b)|^2 \, b(\theta_m) \frac{e^{-2\delta_m r}}{k_m} \right)^2 \tag{3-45}$$

3.1.5　浅海混响强度仿真

本节对上面介绍的浅海混响模型进行仿真分析，算例中涉及三类声速剖面的海洋环境模型，它们分别是 Pekeris 等声速剖面、负梯度声速剖面和跃变层声速剖面。

1. Pekeris 等声速剖面环境

图 3-5 中，水深 $H = 90\text{m}$，水层声速 $c_0 = 1500\text{m/s}$，海底声速 $c_b = 1615\text{m/s}$，水层密度 $\rho_0 = 1\text{g/cm}^3$，海底密度 $\rho_b = 1.74\text{g/cm}^3$，海底衰减系数 $\alpha = 0.23\text{dB}/\lambda$，声源深度为 7m，接收深度为 50m。数值仿真该环境下的相干和非相干混响强度曲线如图 3-6 所示，非相干混响强度的空间分布如图 3-7 所示。

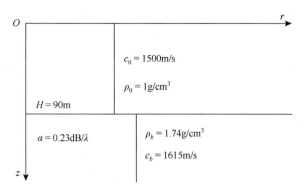

图 3-5   等声速水文环境模型

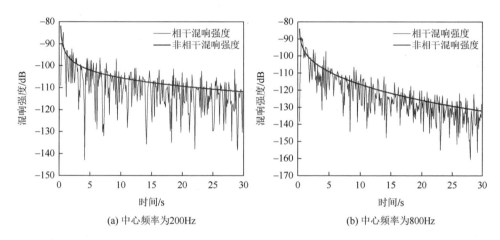

(a) 中心频率为200Hz   (b) 中心频率为800Hz

图 3-6   Pekeris 等声速剖面环境下简正波相干与非相干混响强度

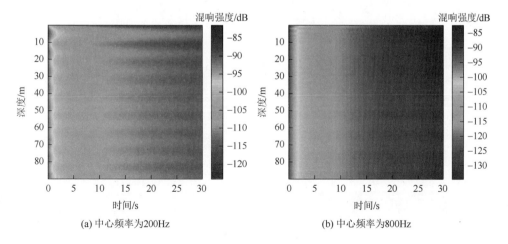

(a) 中心频率为200Hz   (b) 中心频率为800Hz

图 3-7   Pekeris 等声速剖面环境下非相干混响强度空间分布

2. 负梯度声速剖面环境

图 3-8 为负梯度声速剖面环境模型，上层为负梯度声速剖面，下层为无限深的海底。详细数据为：水深 $H = 90\text{m}$，水层上界面声速 $c_1 = 1530\text{m/s}$，水层下界面声速 $c_2 = 1500\text{m/s}$，海底声速 $c_b = 1615\text{m/s}$，水层密度 $\rho_0 = 1\text{g/cm}^3$，海底密度 $\rho_b = 1.74\text{g/cm}^3$，海底衰减系数 $\alpha = 0.23\text{dB}/\lambda$。数值仿真该环境下的相干和非相干混响强度曲线如图 3-9 所示，非相干混响强度的空间分布如图 3-10 所示。

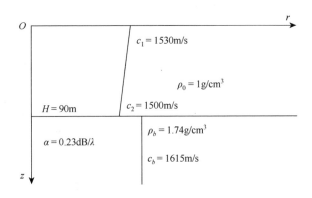

图 3-8　负梯度声速剖面环境模型

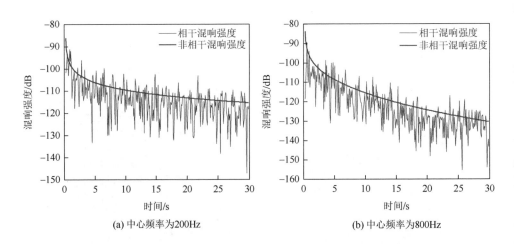

(a) 中心频率为200Hz　　　　　　　　　　(b) 中心频率为800Hz

图 3-9　负梯度声速剖面环境下简正波相干与非相干混响强度

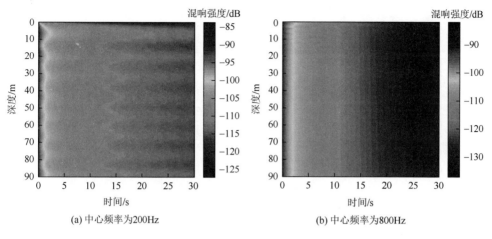

(a) 中心频率为200Hz　　　　(b) 中心频率为800Hz

图 3-10 负梯度声速剖面环境下非相干混响强度空间分布

3. 跃变层声速剖面环境

图 3-11 为跃变层水文环境模型，上层为跃变层声速剖面，下层为无限深的海底，详细参数为：海深 $H = 90\text{m}$，跃变层上层声速 $c_1 = 1530\text{m/s}$，跃变深度 $H_{tu} = 25\text{m}$，跃变深度 $H_{td} = 30\text{m}$，跃变层下层声速 $c_2 = 1500\text{m/s}$，海底声速 $c_b = 1615\text{m/s}$，水层密度 $\rho_0 = 1\text{g/cm}^3$，海底密度 $\rho_b = 1.74\text{g/cm}^3$，海底衰减系数 $\alpha = 0.23\text{dB/}\lambda$。数值仿真该环境下混响的相干和非相干强度衰减曲线如图 3-12 所示，非相干混响强度的空间分布如图 3-13 所示。

从上面的分析可以发现，混响强度和水层中的声速剖面强相关，这是因为混响的强度正比于入射声场的强度，随着声速剖面的变化，入射声场增强，在相同反向散射定律的条件下，混响声场也随之增强。图 3-14 给出了不同水文环境下混响强度的直接比较。

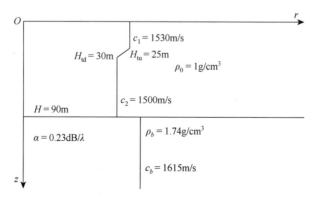

图 3-11 跃变层水文环境模型

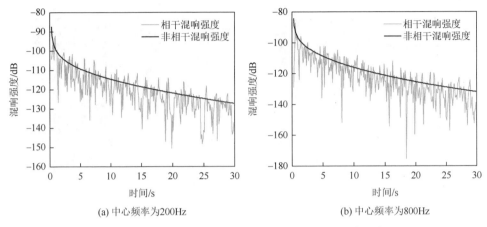

(a) 中心频率为200Hz (b) 中心频率为800Hz

图 3-12　跃变层声速剖面环境下相干与非相干混响强度

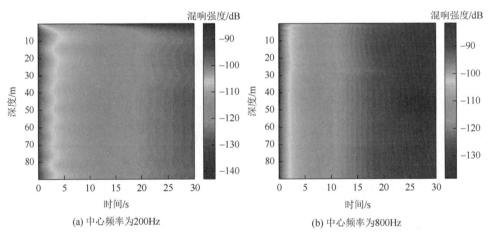

(a) 中心频率为200Hz (b) 中心频率为800Hz

图 3-13　跃变层声速剖面环境下非相干混响强度空间分布

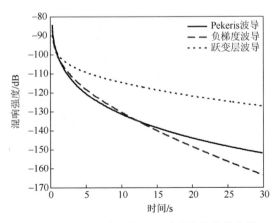

图 3-14　不同水文环境下混响强度曲线的比较

4. 不同频率的平均混响强度比较

Pekeris 波导中，考虑海底的衰减系数为 0.6dB/(m·kHz)，分别计算 200Hz、400Hz、800Hz、1600Hz 的非相干平均混响强度。

从图 3-15 可以发现相同海底混响强度随着频率的增加其衰减速度增加，这同样是因为浅海波导中，随着频率的增加，声场衰减增加，意味着产生混响的入射声场减弱，其混响强度变弱。

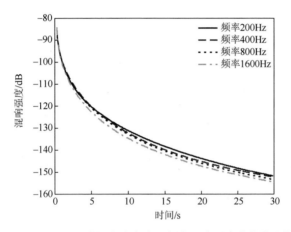

图 3-15　Pekeris 波导中多个中心频率混响强度曲线的比较

以上给出了一种快速简洁的浅海收发合置混响的计算模型，该模型适用于浅海分层介质（与距离无关）、中低频、长脉冲和短脉冲混响的计算。

3.2　浅海混响实验

水声学是一门实验科学，海洋混响研究中海上实验是混响模型研究的基础。近年来，我国各水声研究单位开展了大量的海洋混响实验。这里以一次实验为例，介绍混响实验数据的获取及其对混响模型的验证。中国科学院声学研究所于 2005 年 1 月 18 日在南海浅海海域完成了一次收发合置混响实验。信号源使用的是 70g 手榴弹，接收设备为 32 元垂直接收阵。除了接收阵上的个别水听器未能接收到好的数据，大部分水听器接收的混响数据混响噪声比很高。

3.2.1　混响实验概述

收发合置混响实验于 2005 年 1 月 18 日 16 点前后完成。实验时单船作业，如图 3-16 所示，每隔 1min 投一枚手榴弹，接收船连续采集混响数据。

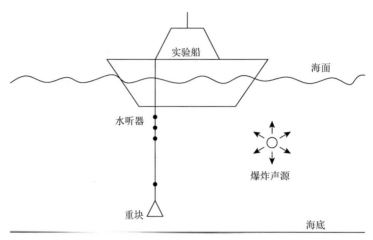

图 3-16　收发合置混响实验设备布放图

根据上述混响实验过程，可以总结出混响实验过程中的混响信号数据流程如图 3-17 所示。

图 3-17　混响信号采集流程图

由混响信号采集流程图可知，混响信号的混响级与声源强度、声源指向性、海洋环境特性、水听器指向性、功率滤波放大器特性、数据采集存储器特性和信号处理技术等有关。

实验期间的水文环境如图 3-18 所示。

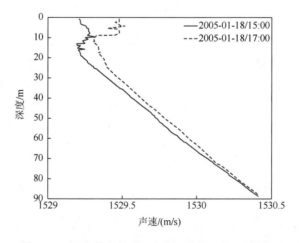

图 3-18　混响实验期间接收船所在位置的声速剖面

3.2.2   理论预报数据与实验数据的比较

本节介绍 2005 年 1 月南海混响实验数据和理论预报数据结果的比较。混响实验海域的环境参数如图 3-19 所示，水文环境可以近似认为是等声速剖面环境，海底声学参数由当地水声传播数据反演获得。

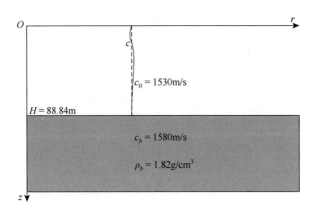

图 3-19   实验海域环境参数

海底衰减系数 $\alpha = 0.2 \sim 0.3 \text{dB}/\lambda$，取 Lambert 散射定律描述海底散射，有

$$S(\theta_1, \theta_2) = \mu \sin\theta_1 \sin\theta_2 \tag{3-46}$$

接收深度为 9m、39m 和 69m 三个水听器接收的混响强度衰减的实验测量数据，并且与理论预报数据进行比较，结果如图 3-20～图 3-25 所示。

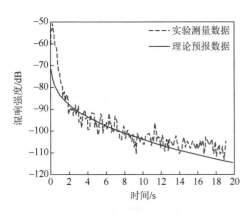

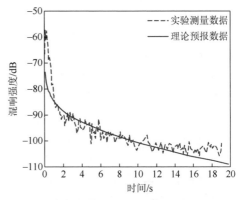

图 3-20   声源深度为 7m、接收深度为 9m、中心频率为 200Hz 的混响强度衰减数据（–27dB）

图 3-21   声源深度为 7m、接收深度为 9m、中心频率为 400Hz 的混响强度衰减数据（–29dB）

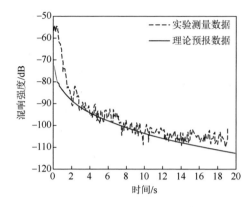

图 3-22　声源深度为 7m、接收深度为 39m、中心频率为 200Hz 的混响强度衰减数据（−27dB）

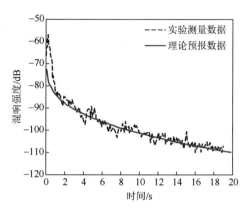

图 3-23　声源深度为 7m、接收深度为 39m、中心频率为 400Hz 的混响强度衰减数据（−29dB）

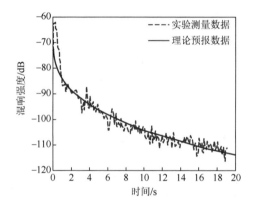

图 3-24　声源深度为 7m、接收深度为 69m、中心频率为 200Hz 的混响强度衰减数据（−27dB）

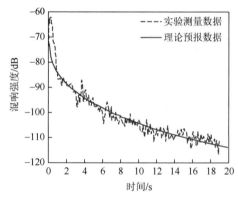

图 3-25　声源深度为 7m、接收深度为 69m、中心频率为 400Hz 的混响强度衰减数据（−29dB）

由图 3-20～图 3-25 可以发现，当频率为 200Hz 时，海底散射常数为−27dB；当频率为 400Hz 时，海底散射常数为−29dB，图中显示实验测量数据和理论预报数据吻合得很好，验证了基于经验散射函数现象混响模型的实用性。

本节首先利用简正波理论描述从声源到散射微元和从散射微元到接收水听器的声传播，在散射微元处，利用 WKB 近似将声场分解成上行波与下行波，取下行波与海底发生散射，其中一部分散射声能会向水听器方向传播，在水听器处接收的散射声就是混响。考虑声源与水听器在同一位置建立了浅海单站简正波混响模型；考虑声源与水听器在不同位置可以建立浅海双站简正波混响模型。

在南海完成了浅海混响实验，实验数据验证了建立混响模型的可行性和正确性。

3.3　典型大陆架海域远程粗糙界面混响强度理论模型

如图 3-26 所示，浅海波导中，声速剖面为 $c_0(z)$，密度为 ρ_0，水深为 H。海底沉积层粗糙界面的起伏高度为 η（假设起伏高度的均值为零，即 $\langle \eta \rangle = 0$），在液态沉积层中，平均声速和密度分别为 c_b 和 ρ_b，沉积层中声速和密度的扰动分别为 δc 和 $\delta\rho$，沉积层厚度为 h。在水层中，R_0 代表声源，R 代表声场中的接收点，R_1 代表海底散射微元。

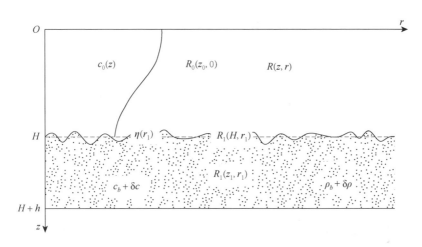

图 3-26　浅海混响建模环境参数

借助 Bass 微扰理论，粗糙界面上声场的连续条件可以替换成平坦界面上 $z = H$ 不均匀边界条件[9]：

$$\frac{\partial u_1(R,R_1)}{\partial z} - \frac{\partial u_2(R,R_1)}{\partial z} = V(R_1)G^i(R_1,R_0) \tag{3-47}$$

$$\rho_0 u_1(R,R_1) - \rho_b u_2(R,R_1) = p(R_1)G^i(R_1,R_0) \tag{3-48}$$

式中

$$V(R_1) = (k_0^2 - k_b^2 / \alpha)\eta(R_1) + (1 - 1/\alpha)\nabla_\perp \cdot (\eta\nabla_\perp) \tag{3-49}$$

$$p(R_1) = (\rho_b - \rho_0)\eta(R_1)\frac{\partial}{\partial z} \tag{3-50}$$

波数 $k_b = \omega/c_0(H)$；密度比 $\alpha = \rho_b/\rho_0$；u_2、u_1 分别为界面下方和上方的散射声场；η 为海底粗糙界面。在 R_0 位置点源的初始($\eta = 0$)声场 $G^i(R_1, R_0)$可以写为

$$G^i(R_0, R_1) = i\pi \sum_{m=1}^{M} \varphi_m(z_0) \varphi_m(H) H_0^{(1)}(K_m r_1)$$

$$\approx \left(\frac{2\pi i}{k_0 r_c}\right)^{1/2} \sum_{m=1}^{M} \varphi_m(z_0) \varphi_m(H) \exp(i k_m r_1 - \beta_m r_c) \quad (3\text{-}51)$$

式中，$H_0^{(1)}$ 为第一类零阶 Hankel 函数；$\varphi_m(z)$ 为归一化的本征函数；K_m 为复本征波数，$K_m = k_m + i\beta_m$；r_c 为散射区域的中心半径（这里假设散射区域宽度远小于 r_c）。

根据 Green 定理，在 Born 近似下，点源在水中的散射声场可以写为

$$u_1(R_0, R) = \int dR_1 \left(G(R, R_1) V(R_1) G^i(R_1, R_0) - \frac{1}{\rho_w} \frac{\partial G(R, R_1)}{\partial z} p(R_1) G^i(R_1, R_0) \right) \quad (3\text{-}52)$$

将式（3-49）～式（3-51）代入式（3-52），得

$$u_1(R_0, R) \approx \frac{2\pi i}{k_0 r_c} \sum_{m=1}^{M} \sum_{n=1}^{M} \varphi_m(z_0) \varphi_n(z) \exp\left(-(\beta_m + \beta_n) r_c\right) S_{mn}^R K^R(k_m, k_n) \quad (3\text{-}53)$$

式中

$$S_{mn}^R \equiv \varphi_m(H) C_{mn}^R \varphi_n(H) \quad (3\text{-}54)$$

$$C_{mn}^R = [k_0^2 - k_b^2 / \alpha + (1 + \alpha) k_m k_n + (1 - \alpha) \alpha^{-2} \gamma_m \gamma_n] \quad (3\text{-}55)$$

$$\gamma_m = (k_m^2 - k_b^2)^{1/2}, \quad k_m = k_0 \cos \theta_m \quad (3\text{-}56)$$

$$K^R(k_m, k_n) \equiv \int dr_1 \eta(r_1) \exp(i(k_m + k_n) r_1) \quad (3\text{-}57)$$

在获得式（3-54）的过程中，做了如下假设：

（1）$\nabla_\perp = \partial / \partial r_1$；

（2）$(\partial / \partial z) \varphi_m(H) = -\alpha^{-1} \gamma_m \varphi_m(H)$；

（3）局部积分。

式（3-53）给出的散射场适用于单频连续信号，对于频谱为 $S(\omega)$ 的脉冲信号 $S(t)$，其散射声场可以通过 Fourier 变换获得

$$u_1(R_0, R; t) = \int d\omega (S(\omega) u_1(R_0, R; \omega) \exp(i\omega t)) \quad (3\text{-}58)$$

将式（3-53）代入式（3-58），并且假设

$$r_1 = r_c + r' \quad (3\text{-}59)$$

$$k_m(\omega) \approx k_m(\omega_0) + (\omega - \omega_0) \frac{\partial k_m(\omega_0)}{\partial \omega} \quad (3\text{-}60)$$

则可获得

$$u_1(R_0,R;t) = \frac{2\pi i}{k_0 r_c} \sum_{m=1}^{M} \sum_{n=1}^{M} s(t - t_{mn}) \varphi_m(z_0) \varphi_n(z) \exp(-(\beta_m + \beta_n) r_c) S_{mn}^R K^R(k_m, k_n)$$

$$\approx \frac{2\pi i}{k_0 r_c} s(t - t_c) \sum_{m=1}^{M} \sum_{n=1}^{M} \varphi_m(z_0) \varphi_n(z) \exp(-(\beta_m + \beta_n) r_c) S_{mn}^R K^R(k_m, k_n) \quad （3-61）$$

式中

$$t_{mn} = \left(\frac{\partial k_m}{\partial \omega} + \frac{\partial k_n}{\partial \omega} \right) r_c = \left(\frac{1}{u_m} + \frac{1}{u_n} \right) r_c \approx \frac{2r_c}{c_0} = t_c \quad （3-62）$$

在式（3-61）中，忽略了由$(\partial^2/\partial\omega^2)k_m$引起的脉冲扩展，对于超远距离传播和非常宽的频带的脉冲需要考虑$(\partial^2/\partial\omega^2)k_m$项的影响。

对散射声场进行统计平均$\langle |u_1(R_0, R;t)|_{\mathrm{inc}}^2 \rangle$，获得混响的平均强度[8]$I_R(R_0, R; t)$：

$$I_R(R_0,R;t) = \left(\frac{2\pi}{k_0 r_c} \right)^2 s^2(t - t_c)(2\pi r_c) \sum_{m=1}^{M} \sum_{n=1}^{M} \varphi_m^2(z_0) \varphi_n^2(z) \exp(-2(\beta_m + \beta_n) r_c)(S_{mn}^R)^2 \Gamma(k_m, k_n)$$

$$（3-63）$$

式中某时刻对混响有贡献的区域为$A = 2\pi r_c \Delta r$，$\Delta r \approx c_0 \tau_0/2$，$\tau_0$为信号$s(t)$的长度。

$$\Gamma(k_m, k_n) = \int_{r-\Delta r/2}^{r+\Delta r/2} \mathrm{d}r' \int_{r-\Delta r/2}^{r+\Delta r/2} \mathrm{d}r'' \langle \eta(r')\eta(r'') \rangle \exp(\mathrm{i}(k_m + k_n)r' - \mathrm{i}(k_m + k_n)r'') \quad （3-64）$$

假设$r'' = r' + x$，同时认为Δr远大于粗糙表面相关长度L，则有

$$\Gamma(k_m, k_n) \approx (\Delta r)\sigma_\eta^2 \int_0^\infty \mathrm{d}x R^\eta(x) \exp(\mathrm{i}2k_0 x) = \frac{c_0 \tau_0}{2} \sigma_\eta^2 P^\eta(2k_0) \quad （3-65）$$

式中，$R^\eta(x)$和σ_η^2分别为粗糙表面η的相关函数和均方值；P^η为粗糙表面η的功率谱。

将式（3-65）代入式（3-63），可得

$$I_R(R_0,R;t) = E_0 \left(\frac{2\pi}{k_0 r_c} \right)^2 (\pi r_c c_0) \sum_{m=1}^{M} \sum_{n=1}^{M} \varphi_m^2(z_0) \varphi_n^2(z) \exp(-2(\beta_m + \beta_n) r_c) \Theta_{mn}^R \quad （3-66）$$

式中，$E_0 = s^2(t - t_c)\tau_0$为初始信号的能量；粗糙界面海底简正波反向散射矩阵（modal backscattering matrix，MBSM）为

$$\Theta_{mn}^R = \sigma_\eta^2 P^\eta(2k_0)\left(S_{mn}^R \right)^2 \quad （3-67）$$

根据上述理论，可以数值仿真典型大陆架海域混响强度的时空分布特性及频率特性。首先考虑等声速剖面、负梯度声速剖面及跃变层声速剖面三种常见的声速剖面情况下的混响强度时空分布特性。

如图 3-27 所示，仿真计算中考虑的环境参数设定如下，海深为 100m，水层中声速为 1500m/s，水层中密度为 1g/cm^3，海底声速为 1623m/s，海底密度为 1.77g/cm^3，衰减系数为 0.23dB/λ，海底粗糙界面高度均方根为 0.1m，粗糙界面相

关长度为 10m，考虑的中心频率为 300Hz，声源深度为 30m，接收深度从 1m 到 100m。仿真出等声速剖面条件下的混响强度分布如图 3-28 所示。

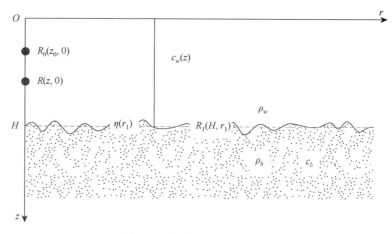

图 3-27　等声速剖面海洋环境

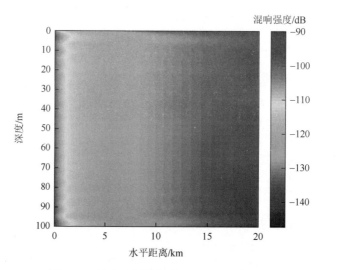

图 3-28　等声速剖面条件下的混响强度分布

图 3-29 是模拟计算中考虑的负梯度海洋环境，海深为 100m，水层上层声速为 1530m/s，水层下层声速为 1500m/s，海水密度为 1g/cm³，海底声速为 1623m/s，海底密度为 1.77g/cm³，海底衰减系数为 0.23dB/λ，海底粗糙界面高度均方根为 0.1m，粗糙界面相关长度为 10m，考虑的中心频率为 300Hz，声源深度为 30m，接收深度从 1m 到 100m。仿真出负梯度声速剖面条件下的混响强度分布如图 3-30 所示。

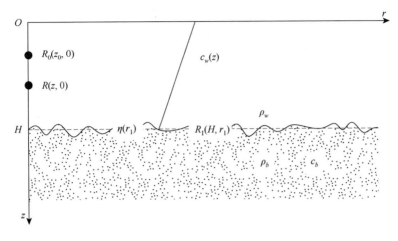

图 3-29　负梯度声速剖面海洋环境

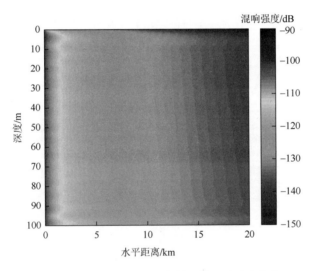

图 3-30　负梯度声速剖面条件下的混响强度分布

图 3-31 是模拟计算中考虑的跃变层声速剖面海洋环境，海深为 100m，跃层上声速为 1530m/s，跃层下声速为 1500m/s，跃变层深度 20～30m，海水密度为 1g/cm^3，海底声速为 1623m/s，海底密度为 1.77g/cm^3，海底衰减系数为 0.23dB/λ，海底粗糙界面高度均方根为 0.1m，粗糙界面相关长度为 10m，考虑的中心频率为 300Hz，声源深度为 30m，接收深度从 1m 到 100m。仿真出跃变层声速剖面条件下的混响强度分布如图 3-32 所示。

由图 3-27～图 3-32 可以看出，大陆架波导中，混响声场能量分布模式主要由海水声速剖面决定，声速较低的区域，混响能量较强。

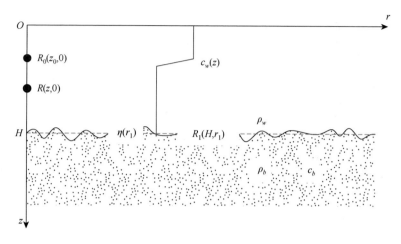

图 3-31　跃变层声速剖面海洋环境

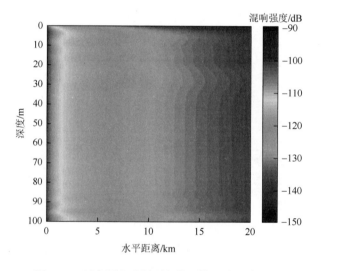

图 3-32　跃变层声速剖面条件下的混响强度分布

下面继续计算粗糙界面混响强度的频率依赖性，将研究频率限制在 100～1000Hz，取 100Hz、300Hz、600Hz 和 1000Hz 作为典型计算频率，分别给出四个频率点上的海底反向散射矩阵对角元素和粗糙界面混响强度曲线。

从图 3-33 可以看出，随着频率的增加，混响强度越来越强，从数值分析和理论分析可以看出混响强度随着频率的增加而线性增加。这主要是由海底反向散射矩阵决定的（图 3-34），粗糙界面海底反向散射矩阵和频率是正比的关系，100～1000Hz 范围内声传播和频率关系很小，最终导致混响强度具有随频率线性增加的特性。

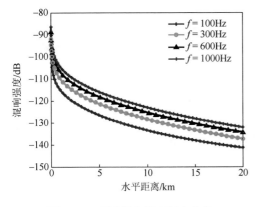

图 3-33　不同频率混响强度曲线　　　　图 3-34　不同频率海底反向散射强度

3.4　典型大陆架海域远程不均匀海底介质混响强度理论模型

在某些情况下，沉积层不均匀性引起的散射是浅海混响的主要散射源[10]，如图 3-26 所示，沉积层中的声速和密度扰动分别是 δc 和 $\delta\rho$，定义

$$\varepsilon(R_1) = \delta c(r_1, z_1) / c_b \tag{3-68}$$

同时假设沉积层中的密度扰动和声速扰动成正比，即

$$\delta\rho(R_1) / \rho_b = \xi\varepsilon(R) \tag{3-69}$$

式中，ξ 为常数。当扰动较小时，$\varepsilon \ll 1$，一阶扰动就能近似解释沉积层中不均匀性的散射问题，利用 Chernov[11]推导湍流引起的声波散射结果，散射场 $u(R, R_1)$ 满足下列波动方程：

$$(\nabla^2 + k_0^2(z))u(R, R_1) = Q(R_1) \tag{3-70}$$

式中，$Q(R_1)$ 为沉积层介质不均匀性和初始入射声场引起的次源，且

$$
\begin{aligned}
Q(R_1) &= 2k_b^2(\delta c / c_b)G^i(R_0, R_1) + \nabla(\delta\rho / \rho_b) \cdot \nabla G^i(R_0, R_1) \\
&= 2k_b^2\varepsilon(R_1)G^i(R_0, R_1) + \xi\nabla\varepsilon(R_1) \cdot \nabla G^i(R_0, R_1)
\end{aligned} \tag{3-71}
$$

利用 Green 函数理论，散射声场可以写为

$$
\begin{aligned}
u(R_0, R) &= \int_V Q(R_1)G(R_1, R)\mathrm{d}v_1 \\
&= \int_V \mathrm{d}v_1\varepsilon(R_1)[(2+\xi)k_b^2 G^i(R_0, R_1)G(R_1, R) - \xi(\nabla_1 G^i(R_0, R_1) \cdot \nabla_1 G(R_1, R))]
\end{aligned} \tag{3-72}
$$

式中，$\nabla_1 = (\partial / \partial r_1, \partial / \partial z_1)$。进行局部积分，式（3-72）可写为

$$G^i(R_0, R_1) \approx \left(\frac{2\pi\mathrm{i}}{k_0 r_c}\right)^{1/2} \sum \varphi_m(z_0)\varphi_m(z_1)\exp((\mathrm{i}k_m - \beta_m)r_1) \tag{3-73}$$

$$G(R_1, R) \approx \left(\frac{2\pi i}{k_0 r_c} \right)^{1/2} \sum \varphi_n(z_1) \varphi_n(z) \exp((ik_n - \beta_n) r_1) \tag{3-74}$$

沉积层中简正波函数可以写为

$$\varphi_m(z_1) = (\rho_0 / \rho_b) \varphi_m(H) \exp(-\gamma_m(z_1 - H)), \quad z_1 > H \tag{3-75}$$

将式（3-73）、式（3-74）和式（3-75）代入式（3-72），可以得到

$$u(R_0, R) = \frac{2\pi i}{k_0 r_c} \frac{1}{\alpha} \sum_{m=1}^{M} \sum_{n=1}^{M} \varphi_m(z_0) \varphi_m(H) C_{mn}^{V} \varphi_n(H) \varphi_n(z) \exp(-(\beta_m + \beta_n) r_c)$$

$$\cdot \iint dv_1 \varepsilon(R_1) \exp(i(k_m + k_n) r_1 - (\gamma_m + \gamma_n)(z_1 - H)) \tag{3-76}$$

式中

$$C_{mn}^{V} = [2k_b^2 + \xi(k_b^2 + k_m k_n - \gamma_m \gamma_n)] \tag{3-77}$$

比较粗糙界面引起的散射和体积不均匀性引起的散射，即式（3-53）和式（3-76），
则式（3-76）可以写为

$$u(R_0, R) = \frac{2\pi i}{k_0 r_c} \sum_{m=1}^{M} \sum_{n=1}^{M} \varphi_m(z_0) \varphi_n(z) \exp(-(\beta_m + \beta_n) r_c) S_{mn}^{V} K^{V}(k_m, k_n, \gamma_m, \gamma_n) \tag{3-78}$$

式中

$$S_{mn}^{V} = \frac{1}{\alpha} \varphi_m(H) C_{mn}^{V} \varphi_n(H) \tag{3-79}$$

$$K^{V}(k_m, k_n, \gamma_m, \gamma_n) = \int dr_1 \int_{H}^{H+h} dz_1 \varepsilon(R_1) \exp(i(k_m + k_n) r_1 - (\gamma_m + \gamma_n)(z_1 - H)) \tag{3-80}$$

采用和粗糙界面引起混响同样的处理方法，则沉积层体积不均匀性引起的混响强
度为

$$I_R(R_0, R) = E_0 \frac{2\pi}{k_0 r_c} (\pi r_c c_0) \sum_{m=1}^{M} \sum_{n=1}^{M} \varphi_m^2(z_0) \varphi_n^2(z) \exp(-2(\beta_m + \beta_n) r_c) \Theta_{mn}^{V} \tag{3-81}$$

体积不均匀性引起的模反向散射矩阵 Θ_{mn}^{V} 为

$$\Theta_{mn}^{V} = \sigma_\varepsilon^2 P_r^\varepsilon (2k_0) \Gamma_z^\varepsilon (\gamma_m, \gamma_n) \left(S_{mn}^{V} \right)^2 \tag{3-82}$$

$$P_r^\varepsilon (2k_0) = \int dx R_r^\varepsilon (x) \exp(i(k_m + k_n) x) \tag{3-83}$$

$$\Gamma_z^\varepsilon (\gamma_m, \gamma_n) = \int_0^h \int_0^h dz' dz'' R_z^\varepsilon (z' - z'') \exp(-(\gamma_m + \gamma_n)(z' + z'')) \tag{3-84}$$

式中，R_r^ε 和 R_z^ε 分别为体积不均匀性 $\varepsilon(R_1)$ 水平和垂直相关函数；σ_ε^2 为 $\varepsilon(R_1)$ 的均
方值。

根据上述理论，数值仿真典型大陆架海域海底不均匀介质混响强度的时空
分布特性及频率特性，最后给出了粗糙界面混响和不均匀介质混响强度的比较。
首先考虑等声速剖面（图 3-27）、负梯度声速剖面（图 3-29）及跃变层声速剖面

（图 3-31）三种常见的声速剖面情况下的混响强度时空分布特性。仿真出的等声速剖面、负梯度声速剖面、跃变层声速剖面条件下海底不均匀介质混响强度时空分布如图 3-35～图 3-37 所示。

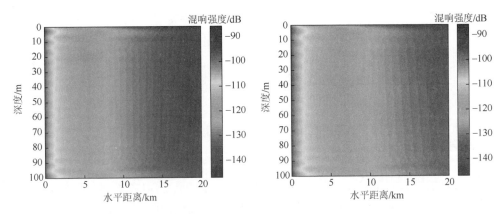

图 3-35　等声速剖面条件下海底不均匀介质混响强度时空分布　　　　图 3-36　负梯度声速剖面条件下海底不均匀介质混响强度时空分布

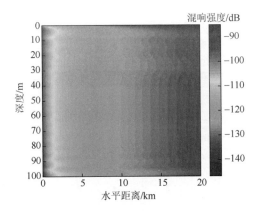

图 3-37　跃变层声速剖面条件下海底不均匀介质混响强度时空分布

由图 3-35～图 3-37 可以看出，海底不均匀介质混响强度的时空分布主要取决于声速剖面的特性，声速低的区域，混响强度高。

下面继续计算海底不均匀介质混响强度的频率依赖性，将研究频率限制在 100～1000Hz，取 100Hz、300Hz、600Hz 和 1000Hz 作为典型计算频率，分别给出四个频率点上的海底反向散射强度（图 3-38）和海底粗糙界面混响强度曲线（图 3-39）。

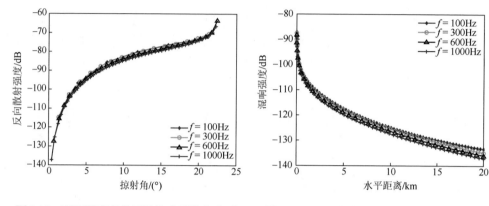

图 3-38 不同频率条件下的海底不均匀介质
反向散射强度

图 3-39 不同频率条件下的海底粗糙界面
混响强度

典型大陆架海域中，低频混响的主要贡献源是海底粗糙界面和海底不均匀介质，这里给出四个典型频率条件下两种散射源引起混响强度的比较，如图 3-40 所示。

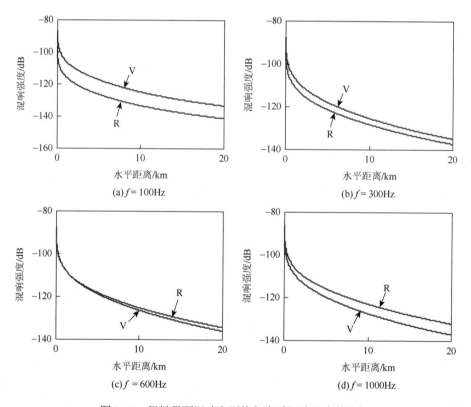

图 3-40 粗糙界面混响和不均匀介质混响强度的比较

图 3-40 中 R 表示粗糙界面混响，V 表示不均匀介质混响。图 3-40 计算结果可以表明上述仿真的大陆架海洋环境中，500Hz 以下，海底不均匀介质混响是混响的主要成分；500Hz 以上，海底粗糙界面混响是混响的主要成分。引起海底混响的主要因素是粗糙界面散射还是海底不均匀介质散射，一直是水声研究中尚未解决的问题，本章给出的仿真结果说明了特定仿真条件下引起海底混响两类因素的相对贡献。

参 考 文 献

[1]　Bucker H P，Morris H E. Normal-mode reverberation in channels or ducts. The Journal of the Acoustical Society of America，1968，44（3）：827-828.

[2]　张仁和，金国亮. 浅海平均混响强度的简正波理论. 声学学报，1984，9（1）：12-20.

[3]　Ellis D D. A shallow-water normal-mode reverberation model. The Journal of the Acoustical Society of America，1995，97（5）：2804-2814.

[4]　LePage K. Bottom reverberation in shallow water：Coherent properties as a function of bandwidth，waveguide characteristics，and scatterer distributions. The Journal of the Acoustical Society of America，1999，106（6）：3240-3254.

[5]　Grigor'ev V A，Kuz'kin V M，Petnikov B G. Low-frequency bottom reverberation in shallow-water ocean regions. Acoustical Physics，2004，50（1）：37-45.

[6]　Tang Y W. Average intensity of long range surface reverberation in shallow water with positive sound velocity gradient. Acta Geophysica Sinica，1989，32：667-674.

[7]　Jensen F B. Computational Ocean Acoustics. 2nd ed. New York：Springer，2011.

[8]　Shang E C，Gao T F，Wu J R. A shallow-water reverberation model based on perturbation theory. IEEE Journal of Oceanic Engineering，2008，33（4）：451-461.

[9]　Yang T C. Scattering from boundary protuberances and reverberation imaging. The Journal of the Acoustical Society of America，1993，93（1）：231-242.

[10]　高天赋. 粗糙界面的波导散射和非波导散射之间的关系. 声学学报，1989，14（2）：126-132.

[11]　Chernov L A. Wave Propagation in a Random Medium. New York：McGraw-Hill，1960.

第4章 深海混响模型

地球表面大部分被深于1000m的深海覆盖，对于混响建模，深海与浅海最大的差异就是海面边界和海底边界的距离不同。在浅海海域，由于海面和海底距离很小，海面散射和海底散射的信号基本叠加在一起，特别是在远距离上，海面混响信号和海底混响信号无法分开；而在深海海域，由于海面和海底距离很大，海面混响信号和海底混响信号可以分开，这有助于混响建模的精细化研究。另外从应用的角度来看，对于中低频混响，重点研究远距离的混响信号，其反向散射角基本局限于临界角以内；而深海主动探测时面临的混响干扰来自近水平距离，其反向散射角分布非常广，从大掠射角到小掠射角都会涉及，因此在深海混响建模时，需要选择适合不同水平距离的传播模型和适用掠射角范围广的散射函数。

4.1 深海声场与声散射理论基础

射线理论是深海常用的声传播理论，可以描述深海环境下声线的时间到达结构、传播轨迹以及声强，能够给出深海声场清晰直观的物理图像。

海洋环境中粗糙界面较为复杂，数学上难以采用精确的方法求解粗糙边界条件下的波动方程解。因此，学者们在声散射理论中通过不同的前提假设条件提出多种求解方法，在实际应用中根据环境条件、掠射角大小以及物理机制选取合适的声散射近似理论。

4.1.1 射线理论

射线声学是发展最早，也是数学上最简单、物理上最直观的声场分析方法[1]。它把声波的传播看成沿一束无数条垂直于等相位面的射线的传播，每一条射线与等相位面垂直，称为声线。声线途经的距离代表波传播的路程，声线经历的时间为波传播的时间。声线束管所携带的能量即波传播的声能量。在水声物理中，射线声学是经常运用的一种处理问题的方法，声线不代表波动方程的精确解，它代表在一定条件限制下波动方程的近似解。利用射线理论建立深海混响特性模型是较为常见的混响研究途径。

设水平均匀、声速垂向变化的海水介质中，水体声速$c(z)$仅是深度z的函数，

$R = (r,z)$ 和 $r = (x,y)$ 分别表示坐标系中的三维向量和二维向量，角频率为 ω 的点源声传播可以用 Helmholtz 方程描述为

$$\nabla^2 p - \frac{1}{c(z)^2}\frac{\partial^2 p}{\partial t^2} = 0 \tag{4-1}$$

为得到射线方程，将传播声场声压 p 近似为平面波的形式解，表示为

$$p(r,z,t) = A(r,z) \cdot \mathrm{e}^{\mathrm{i}(\omega t - k_0\varphi(r,z))} \tag{4-2}$$

式（4-2）中包含声场的声压幅值以及相位信息，其中，$A(r,z)$ 为声压幅值，$k_0 = \omega/c_0$ 为波数，c_0 为参考位置的声速，$\varphi(r,z)$ 称为程函。

将式（4-2）代入式（4-1）中，得

$$\frac{\nabla^2 A}{A} - k_0^2\nabla\varphi \cdot \nabla\varphi + k(z)^2 - \mathrm{i}k_0\left(\frac{2\nabla A}{A}\cdot\nabla\varphi + \nabla^2\varphi\right) = 0 \tag{4-3}$$

由此可得

$$\frac{\nabla^2 A}{A} - k_0^2\nabla\varphi\cdot\nabla\varphi + k^2(z) = 0 \tag{4-4}$$

$$\frac{2\nabla A}{A}\cdot\nabla\varphi + \nabla^2\varphi = 0 \tag{4-5}$$

在式（4-3）中，当满足 $\dfrac{\nabla^2 A}{A} \ll k^2(z)$ 时，即声压幅值的空间变化相对于声源波数的变化更为缓慢，声场满足高频近似条件，确定 φ 的方程可表示为

$$(\nabla\varphi)^2 = \left(\frac{k(z)}{k_0}\right)^2 = n^2(z) \tag{4-6}$$

式中，$n(z)$ 为折射率。式（4-6）为射线声学的第一个基本方程——程函方程，根据程函方程能够确定声线轨迹和传播时间。

式（4-5）可以表示为以下形式：

$$\nabla\cdot(A^2\nabla\varphi) = 2A\nabla A\cdot\nabla\varphi + A^2\nabla^2\varphi \tag{4-7}$$

由此得到

$$\nabla\cdot(A^2\nabla\varphi) = 0 \tag{4-8}$$

式（4-8）为射线声学的第二个基本方程——强度方程，根据强度方程可以确定单根声线强度随空间的变化。

4.1.2　声线轨迹和传播时间

通过求解程函方程（4-6）可以确定声线轨迹及传播时间。在水平分层介质中，程函 $\varphi(r,z)$ 满足：

$$\left(\frac{\partial \varphi}{\partial r}\right)^2 + \left(\frac{\partial \varphi}{\partial z}\right)^2 = n^2(z) \tag{4-9}$$

用分离变量法求解此方程，令

$$\varphi(r,z) = \Phi_1(r) \cdot \Phi_2(z) \tag{4-10}$$

得

$$\left(\frac{\partial \Phi_1}{\partial r}\right)^2 = \xi^2 \tag{4-11}$$

$$\left(\frac{\partial \Phi_2}{\partial z}\right)^2 = n^2(z) - \xi^2 \tag{4-12}$$

式中，ξ 为分离常数，由此得

$$\Phi_1 = \xi r + \text{const} \tag{4-13}$$

$$\Phi_2 = \int_0^z \sqrt{n^2(z) - \xi^2}\, \mathrm{d}z \tag{4-14}$$

于是

$$\varphi(r,z) = \xi r + \int_0^z \sqrt{n^2(z) - \xi^2}\, \mathrm{d}z + \text{const} \tag{4-15}$$

程函梯度 $\nabla\varphi(r,z)$ 代表声线走向，由式（4-6）可知

$$n = \sqrt{(\nabla\varphi)^2} = \sqrt{\left(\frac{\nabla\varphi}{\nabla r}\right)^2 + \left(\frac{\nabla\varphi}{\nabla z}\right)^2} \tag{4-16}$$

声波以平面波的形式传播时，k_0 为常数，那么 $\varphi(r,z) = \text{const}$。声线在坐标系中的空间角度关系如图 4-1 所示，θ 为声线与水平方向间的夹角，β 为水平方位角，即声线在水平方向与 x 轴的夹角，由此得到声线的方向余弦可表示为

$$\cos\theta = \frac{\partial \varphi}{\partial r} \frac{1}{n(z)}, \quad \sin\theta = \frac{\partial \varphi}{\partial z} \frac{1}{n(z)} \tag{4-17}$$

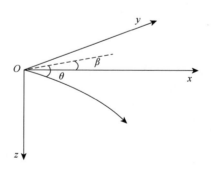

图 4-1　坐标系中声线的角度示意图

由方程组（4-17）可得

$$n(z)\cos\theta = \xi = \text{const} \tag{4-18}$$

即 Snell 定律，由式（4-18）可以确定声线轨迹。将式（4-18）、式（4-15）代入式（4-2）得射线理论下的声场为

$$p(r,z,t) = A(r,z)\exp\left(\text{i}\left(k_0 r + k_0 \int_0^z \sqrt{n^2(z) - \cos^2\theta}\right)\right) \tag{4-19}$$

假设声线在图 4-1 中深度 z 处的声线长度微元为 $\text{d}s$，那么 $\text{d}r = \text{d}z/\tan\theta$。若声线出射位置的掠射角为 θ_0，声速为 c_0，则由式（4-18）得轨迹方程为

$$\text{d}r = \frac{\cos\theta_0}{\sqrt{n^2(z) - \cos^2\theta_0}}\text{d}z \tag{4-20}$$

通过积分式（4-20）可以得到声线轨迹。

声线传播长度 $\text{d}s$ 需要时间 $t = c^{-1}(z)\text{d}s$，通过积分得到声传播时间表示为 $t = \int c^{-1}(z)\text{d}s$。由空间几何关系可知 $\text{d}s = \text{d}z/\sin\theta(z)$，那么声线从深度 z_0 至深度 z 需要的传播时间为

$$t = \int_{z_0}^z \frac{\text{d}z}{c(z)\sin\theta(z)} \tag{4-21}$$

由式（4-18）可知，$c(z)\sin\theta(z) = \dfrac{c_0}{n^2(z)}\sqrt{n^2(z) - \cos^2\theta_0}$，因此

$$t = \frac{1}{c_0}\int_{z_0}^z \frac{n^2(z)\text{d}z}{\sqrt{n^2(z) - \cos^2\theta_0}} \tag{4-22}$$

4.1.3　声场解

当声压采用复数形式时，周期为 T 的简谐声源对应的声强可表示为

$$I = \frac{\text{i}}{\omega\rho}\frac{1}{T}\int_0^T p^* \cdot \nabla p\,\text{d}t \tag{4-23}$$

式中，p^* 为 p 的复共轭。若只考虑声强在水平方向的分量 I_r，$I_r \propto p^* \cdot \dfrac{\partial p}{\partial r}$，将式（4-2）代入 I_r 得

$$p^* \cdot \frac{\partial p}{\partial r} = A^2\left(\frac{1}{A}\frac{\partial A}{\partial r} - \text{i}k_0\frac{\partial\varphi}{\partial r}\right) \tag{4-24}$$

由于 $\dfrac{\nabla^2 A}{A} \ll k^2(z)$，故 $p^* \cdot \dfrac{\partial p}{\partial r} \approx -\text{i}k_0 A^2 \dfrac{\partial\varphi}{\partial r}$，那么 $I_r \propto A^2 \dfrac{\partial\varphi}{\partial r}$。类似地，$I_z \propto A^2 \dfrac{\partial\varphi}{\partial z}$，则

$$I \propto A^2\nabla\varphi \tag{4-25}$$

根据强度方程（4-8），定义声强 $I = A^2\nabla\varphi$，则 $\nabla \cdot I = 0$。根据奥-高定理，有

$\oiint\limits_S I \cdot \mathrm{d}S = \iiint\limits_V \mathrm{div}(I)\mathrm{d}v$，由此得

$$\oiint\limits_S I \cdot \mathrm{d}S = 0 \qquad (4\text{-}26)$$

说明声线管束内的声能总量守恒。令声线管内单位立体角内辐射功率为 W，声线管截面积 $\mathrm{d}S$ 所张立体角为 $\mathrm{d}\Omega$，那么

$$I(z)\mathrm{d}S = W \cdot \mathrm{d}\Omega \qquad (4\text{-}27)$$

考虑以 θ_0 出射的声线管轨迹方程为 $R = (\theta_2, \beta_2, z)$，在 θ_0 和 $\theta_0 + \mathrm{d}\theta$ 间所夹立体角为 $\mathrm{d}\Omega$，那么有

$$\mathrm{d}\Omega = \frac{\mathrm{d}S}{r^2} = 2\pi\cos\theta_0\mathrm{d}\theta_0 \qquad (4\text{-}28)$$

声线管横截面积为

$$\mathrm{d}S = 2\pi r\sin\theta(z)\left(\frac{\partial r}{\partial\theta_0}\right)_{\theta_0}\mathrm{d}\theta_0 \qquad (4\text{-}29)$$

将式（4-28）和式（4-29）代入式（4-27），则通过圆环带单位面积的能流，也就是声强可表示为

$$I(r, z) = \frac{W\cos\theta_0}{r\left|\dfrac{\partial r}{\partial\theta_0}\right|_{\theta_0}\sin\theta(z)} \qquad (4\text{-}30)$$

不考虑常数因子，则射线声场声压幅值可表示为

$$A = \sqrt{\frac{W\cos\theta_0}{r\left|\dfrac{\partial r}{\partial\theta_0}\right|_{\theta_0}\sin\theta(z)}} \qquad (4\text{-}31)$$

4.1.4　射线声学应用条件

在推导程函方程时，假设了 $\nabla^2 A / A \ll k^2$ 的条件。分析条件后可知应用射线理论的两个条件为：

（1）在可以与声波波长相比拟的距离上，声波振幅的相对变化量远小于 1。这说明射线声学只能应用于声波声强没有发生太大变化的部分。

（2）在可以与声波波长相比拟的距离上，声速的相对变化远小于 1。这就要求介质声速变化缓慢，在一个波长距离上，声传播方向不能发生很大的变化。也就是说，射线声学只适用于弱不均匀介质中。

射线理论的主要缺点有以下几点：

（1）经典的射线声学理论不适合声影区。根据射线理论，声线不能到达声影

区，按照声线携带声能的观点，可知声影区的声强为零。而实际上由于声衍射，声影区的声强不完全为零，因而经典射线理论在声影区是不成立的。

（2）无法反映信道的频率特性。这一点对海洋混响强度的计算是很不利的，因为在混响过程中，无论是声传播还是声散射，都是与频率有关的。

4.2 粗糙界面散射理论

在深海混响建模过程中假设海面以及海底粗糙界面散射是混响形成的主要散射源。关于粗糙界面散射理论在水声领域中的应用，前人已进行了大量的研究，基于不同的假设条件给出散射函数的多种表示形式。这里采用小斜率近似计算深海混响声场，为与其他散射方法进行对比分析，本节首先介绍描述散射的经典方法——Lambert 散射函数，并对液态半无限海底条件下的微扰理论、Kirchhoff 近似和小斜率近似理论进行梳理，最后将四种方法的理论近似条件进行对比分析，并通过数值分析来直观了解各散射理论的适用性。

4.2.1 Lambert 散射函数

参照光在毛玻璃粗糙界面上的散射强度与掠射角的关系，文献[2]通过分析 530Hz 和 1030Hz 的深海混响实测数据，将 Lambert 散射函数引入水声学，在计算声场散射强度方面得到广泛应用，文中将散射函数表示为

$$\sigma_{\text{Lamb}} = \mu \sin\theta_1 \sin\theta_2 \tag{4-32}$$

式中，θ_1 和 θ_2 分别为入射掠射角和反向散射掠射角；μ 为散射系数，根据介质散射特性进行选取。在三维坐标系下，需要考虑空间方位与散射强度之间的关系，此时三维散射函数表示为[3]

$$\sigma_{\text{Lamb}} = \mu \sin\theta_1 \sin\theta_2 + v(1+\Delta\Omega)^2 \times \exp\left(-(1/2\varsigma^2)\Delta\Omega\right) \tag{4-33}$$

式中

$$\Delta\Omega = \left(\cos^2\theta_1 + \cos^2\theta_2 - 2\cos\theta_1\cos\theta_2\cos(\beta_1-\beta_1)\right)\big/(\sin\theta_1+\sin\theta_2)^2$$

通过调整参数 μ、v、ς 使得散射函数与实测反向散射强度结果一致。文献[3]利用这一散射函数分析深海海底混响，发现在小掠射角范围内该散射函数计算混响强度衰减结果与实测混响强度衰减数据吻合较好，但不适用于描述深海海底混响中的大掠射角散射过程。

Lambert 散射函数形式简洁，实用性强，对于推动混响模型的建立起到了重要作用，但由于缺乏对散射过程中物理机制的描述，且经验散射函数仅用于分析小掠射角散射形成的混响强度衰减特性，而不具有普适性。

4.2.2　微扰理论

微扰理论适用于描述界面不平整性满足小瑞利参数且界面斜率足够平缓条件下的声波散射，计算小掠射角散射具有更高的精度[4]。该方法将粗糙界面的散射作用等效为平滑表面上分布的"虚"源场。

将入射声场表示为平面波的叠加形式：

$$p_i = \int B_i(K_i) \mathrm{e}^{\mathrm{i}K_i \cdot r - \mathrm{i}k_w \sin\theta_i z} \, \mathrm{d}^2 K_i \qquad (4\text{-}34)$$

式中，k_w 为声波在水体中的波数；K_i 为波数的水平分量；θ_i 为入射声线与散射界面间的掠射角；B_i 为平面波幅值。

入射声场到达粗糙海底界面后向外继续传播的声场可以表示为

$$p_s = \int B_s(K_s) \mathrm{e}^{\mathrm{i}K_s \cdot r - \mathrm{i}k_w \sin\theta_s z} \, \mathrm{d}^2 K_s \qquad (4\text{-}35)$$

利用 T 矩阵描述入射声场与向外传播的声场之间的关系：

$$B_s(K_s) = \int T_{ww}(K_s, K_i) B_i(K_i) \mathrm{d}^2 K_i \qquad (4\text{-}36)$$

即 T 矩阵描述了水体中声波的散射过程。

令海底界面的均方粗糙度为 $h_{\mathrm{rms}}^2 = \langle \eta^2(r) \rangle$，界面起伏的协方差为 $\langle \eta(r_0 + r)\eta(r_0) \rangle$，海底粗糙度谱表示为协方差的 Fourier 变换：

$$W(K) = \frac{1}{(2\pi)^2} \int \langle \eta(r_0 + r)\eta(r_0) \rangle \mathrm{e}^{-\mathrm{i}K \cdot r} \mathrm{d}^2 r \qquad (4\text{-}37)$$

这里粗糙界面起伏 $\eta(r)$ 的功率谱采用 von Karman 谱，表示为[5]

$$W(K) = \frac{\omega_2}{K^{\gamma_2}} \qquad (4\text{-}38)$$

式中，ω_2 为谱强度；γ_2 为谱指数。那么均方粗糙度与谱强度、谱指数间的关系可表示为

$$h_{\mathrm{rms}}^2 = \frac{2\omega_2 \pi}{\gamma_2 - 2} \qquad (4\text{-}39)$$

将散射声场分为相干部分和非相干部分，对应地，T 矩阵为

$$T_{ww}(K_s, K_i) = \langle T_{ww}(K_s, K_i) \rangle + T_{wws}(K_s, K_i) \qquad (4\text{-}40)$$

式中，$\langle T_{ww}(K_s, K_i) \rangle$ 为界面平坦情况下的相干反射部分；$T_{wws}(K_s, K_i)$ 为非相干散射部分。假设粗糙散射界面满足空间各向同性的随机分布特征，且满足稳态条件，那么有

$$\left\langle T_{ww}(K_s, K_i) \right\rangle = V_{wwc}(K_i)\delta(K_s - K_i) \tag{4-41}$$

式中，V_{wwc} 为相干反射系数：

$$V_{wwc} = V_{ww}\mathrm{e}^{-2k_w^2 h^2 \sin^2 \theta_i} \tag{4-42}$$

若粗糙表面起伏变化相对平缓，则粗糙表面对反射系数的影响可以忽略。

在微扰理论中通过幂级数展开求解散射幅值，采用的 T 矩阵展开式写成如下形式：

$$T_{ww}(K_s, K_i) = \sum_{n=0}^{\infty} \frac{1}{n!} T_{ww}^{(n)}(K_s, K_i) \tag{4-43}$$

下标 ww 表示平面波从水中入射，由界面散射回水中的散射声场。当粗糙界面满足均方起伏高度足够小（$k_w h_{\mathrm{rms}} \sin\theta \ll 1$）且界面坡度足够平缓（$(\nabla\eta)^2 \ll 1$）时，一阶微扰理论中 T 矩阵的解为

$$T_{ww}(K_s, K_i) = V_{ww}(K_i)\delta(K_s - K_i) + \frac{\mathrm{i}k_w}{\sin\theta_s} A_{ww}(K_s, K_i) F(K_s - K_i) \tag{4-44}$$

式中，$F(K)$ 为粗糙界面起伏函数 $z = \eta(r)$ 的 Fourier 变换形式，其中界面起伏函数为 $\langle \eta(r) \rangle = 0$。

粗糙界面谱满足式（4-38）时，散射部分 $T_{wws}(K_s, K_i)$ 的二阶矩可表示为[4, 6]

$$\left\langle T_{wws}(K_s, K_i) T_{wws}^*(K_s', K_i') \right\rangle = C(K_s, K_i, K_i')\delta(K_s - K_i - K_s' + K_i') \tag{4-45}$$

式（4-45）中二阶矩与收发分置的散射强度间有如下关系[7]：

$$\sigma(K_s, K_i) = k_w^2 \sin^2 \theta_s C(K_s, K_i, K_i') \tag{4-46}$$

由式（4-44）和式（4-45）得

$$\left\langle T_{wws}(K_s, K_i) T_{wws}^*(K_s', K_i') \right\rangle$$
$$= \frac{k_w^2}{\sin\theta_s \sin\theta_s'} A_{ww}(K_s, K_i) A_{ww}^*(K_s', K_i') \left\langle F(K_s - K_i) F^*(K_s' - K_i') \right\rangle \tag{4-47}$$

由式（4-37）、式（4-45）～式（4-47）可知，双基地条件下微扰理论对应的散射强度可表示为[8]

$$\sigma_{\mathrm{Pert}} = k_0^4 \left| A_{ww} \right|^2 W(\Delta K) \tag{4-48}$$

式中，$\Delta K = K_s - K_i$。文献[9]中提出一种 A_{ww} 的简便表达式：

$$A_{ww} = \frac{1}{2}\big(1 + V_{ww}(\theta_i)\big)\big(1 + V_{ww}(\theta_s)\big) G \tag{4-49}$$

其中

$$G = \left(1 - \frac{1}{a_\rho}\right)(\cos\theta_i \cos\theta_s - B) - 1 + \frac{1}{a_p^2 a_\rho} \quad (4\text{-}50)$$

$$B = \frac{\sqrt{1 - a_p^2 \cos^2\theta_i}\,\sqrt{1 - a_p^2 \cos^2\theta_s}}{a_p^2 a_\rho} \quad (4\text{-}51)$$

式中，a_ρ 为沉积层密度与水体密度的比值；a_p 为沉积层纵波声速与水体声速的比值。

4.2.3　Kirchhoff 近似

　　粗糙界面不满足小瑞利参数假设时，尤其是对于近垂向大掠射角散射的情况，微扰理论不再适用，Kirchhoff 近似是计算散射波的一种有效方法[10]。在 Kirchhoff 近似中，首先利用 Kirchhoff-Helmholtz 积分公式得到散射声场严格的积分方程，将粗糙表面等效为局部平面，即散射点对应的粗糙表面 S 近似为其对应的切面 S'，散射表面上任意点 R' 处的声场近似为该点与粗糙表面相切的平面所形成的声场，那么由 Green 定理可求解散射声场。

　　基于 Green 定理，单位振幅的平面波入射到粗糙界面引起的表面声场为

$$T_{ww}(K_s, K_i) = \frac{-\mathrm{i}}{8\pi^2 k_w \sin\theta_s} \times \int \left[\nabla P(R, K_i) + \mathrm{i}k_s P(R, K_i)\right] n \mathrm{e}^{-\mathrm{i}k_s \cdot R}\Big|_{z=f(r)} \mathrm{d}s \quad (4\text{-}52)$$

式（4-52）为 Dirichlet 边界条件下的 T 矩阵在一般边界条件下的推广[11, 12]。

　　界面的局部曲率半径远小于波长时[13]（$\sin\theta \gg (k_w a)^{-1/3}$，$a$ 表示曲率半径），表面反射系数近似为与粗糙界面相切的平坦表面对应的反射系数，散射表面上任意点 R 处的声场近似为该点与粗糙表面相切的平面所形成的声场，表面场可表示为

$$P(R, K_i) \approx \left(1 + V_{ww}(K_i, r)\right) \mathrm{e}^{\mathrm{i}k_i \cdot R} \quad (4\text{-}53)$$

界面法向矢量 N 与 $P(R, K_i)$ 的乘积为

$$N \cdot P(R, K_i) \approx \mathrm{i}N \cdot k_i \left(1 - V_{ww}(K_i, r)\right) \mathrm{e}^{\mathrm{i}k_i \cdot R} \quad (4\text{-}54)$$

式中，$V_{ww}(K_i, r)$ 为 r 的函数，即与界面的局部倾斜有关。将式（4-53）和式（4-54）代入式（4-52）中得

$$T_{ww}(K_s, K_i) = \frac{\Delta k^2}{8\pi^2 k_w \sin\theta_s \Delta k_z} \int V_{ww}(K_i, r) \mathrm{e}^{-\mathrm{i}k \cdot R}\Big|_{z=f(r)} \mathrm{d}^2 r \quad (4\text{-}55)$$

式中，$R = r + e_z f(r)$；$\Delta k = k_s - k_i$。当粗糙界面谱满足式（4-38）时，比较式（4-45）和式（4-46）得 Kirchhoff 近似下的散射强度表示为

$$\sigma_{\mathrm{Kirch}} = \frac{|V_{ww}(\theta_{is})|^2}{8\pi}\left(\frac{\Delta k^2}{\Delta K \Delta k_z}\right)^2 I_K \quad (4\text{-}56)$$

式中，I_K 称为 Kirchhoff 积分，有

$$I_K = \frac{\Delta K^2}{2\pi} \int e^{-i\Delta K \cdot R} \left(e^{-\frac{1}{2}\Delta k_z^2 S(r)} - e^{-\Delta k_z^2 h^2} \right) d^2 r \qquad (4\text{-}57)$$

$\Delta k_z = k_{sz} - k_{iz}$。结构函数 $S(r)$ 表示为

$$S(r) = C_h^2 r^{2\alpha} \qquad (4\text{-}58)$$

式中，$C_h^2 = \dfrac{2\pi w_2 \Gamma(2-\alpha)2^{-2\alpha}}{\alpha(1-\alpha)\Gamma(1+\alpha)}$；$\Gamma$ 为伽马函数；指数 $\alpha = \gamma_2/2 - 1$。

4.2.4　小斜率近似

在粗糙界面坡度足够小（$\nabla\eta \ll 1$）的条件下[14]，相比于 Kirchhoff 近似和小粗糙度微扰近似，小斜率近似涵盖所有角度且能够保证精度与 Kirchhoff 近似和微扰近似相同，适用范围更广，在处理粗糙海面、海底界面散射问题上已得到广泛应用。

一阶小斜率近似中，假设 T 矩阵可以写成与 Kirchhoff 近似相似的形式[14, 15]：

$$T_{ww}(K_s, K_i) = \frac{\Phi_0(K_s, K_i)}{8\pi^2 k_w \sin\theta_s} \int e^{-i\Delta k \cdot R} \Big|_{z=f(r)} d^2 r \qquad (4\text{-}59)$$

式中，$\Phi_0(K_s, K_i)$ 通过与一阶微扰理论中的展开式对应相等得到。界面起伏函数在式（4-59）中的指数部分体现，将其进行 Taylor 级数展开至一阶，分别与式（4-44）比对，由此得

$$\Phi_0(K_i, K_i) = 2k_w \sin\theta_s V_{ww}(K_i) \qquad (4\text{-}60)$$

$$\Phi_0(K_s, K_i) = -\frac{2k_w^2}{\Delta k_z} A_{ww}(K_s, K_i) \qquad (4\text{-}61)$$

式中，$A_{ww}(K_s, K_i)$ 将依据所采用的波动理论得到。由式（4-60）和式（4-61）可得

$$A_{ww}(K_s, K_i) = -2\sin\theta_i^2 V_{ww}(K_i) \qquad (4\text{-}62)$$

将式（4-61）代入式（4-59），得均匀半无限沉积层条件下 T 矩阵为

$$T_{ww}(K_s, K_i) = -\frac{k_w A_{ww}(K_s, K_i)}{2\pi \sin\theta_s \Delta k_z} \int e^{-i\Delta K \cdot r - i\Delta k_z \eta(r)} d^2 r \qquad (4\text{-}63)$$

根据式（4-46）给出的散射强度与 T 矩阵间的关系，小斜率近似下的散射强度表示为[8]

$$\sigma_{\mathrm{SSA}} = \frac{k_0^4 \left| A_{ww} \right|^2}{2\pi \Delta K^2 \Delta k_z^2} I_K \qquad (4\text{-}64)$$

式中，A_{ww} 与微扰理论中一致。

4.2.5　不同散射模型精度分析

数学精度和物理精度是保证粗糙界面散射模型有效性的两个重要条件，其中物理精度由实地测量能力决定。本节主要针对各散射理论采用的近似条件对数学精度展开分析，并通过数值计算进行验证。

表 4-1 给出了不同散射理论对应的散射强度表达式以及在理论推导过程中采用的近似条件。首先通过近似条件可以直观看出，Lambert 散射函数基于经验数据总结得到，数学精度无法概括；微扰理论在低频、小粗糙度、小掠射角、小坡度的条件下适用；Kirchhoff 近似在高频、小曲率、大掠射角条件下适用；小斜率近似在粗糙界面坡度足够小的条件下适用。

表 4-1　不同散射理论的近似条件

散射理论	表达式	近似条件
Lambert 散射函数	$\mu \sin \theta_i \sin \theta_s$	经验函数
微扰理论	$k_w^4 \left\| A_{ww} \right\|^2 W(\Delta K)$	$k_w h_{\mathrm{rms}} \sin \theta \ll 1$ 且 $(\nabla \eta)^2 \ll 1$
Kirchhoff 近似	$\dfrac{\left\| V_{ww}(\theta_{is}) \right\|^2}{8\pi} \left(\dfrac{\Delta k^2}{\Delta K \Delta k_z} \right)^2 I_K$	$\sin \theta \gg (k_w a)^{-1/3}$
小斜率近似	$\dfrac{k_w^4 \left\| A_{ww} \right\|^2}{2\pi \Delta K^2 \Delta k_z^2} I_K$	$\nabla \eta \ll 1$

为验证上述理论分析，直观了解不同散射理论在实际应用中表现出的特性，参照文献[15]中的泥质、沙质海底沉积层参数，表 4-1 给出了基于微扰理论、Kirchhoff 近似、小斜率近似及 Lambert 散射函数计算所得散射强度随掠射角的变化关系，仿真计算所用沉积层参数在表 4-2 给出，仿真所用声源频率为 2kHz。图 4-2 和图 4-3 分别给出了泥质、沙质沉积层数值仿真结果。

表 4-2　海底沉积层参数

沉积层	$\rho_{\mathrm{bot}} / (\mathrm{kg/m}^3)$	$c_b / (\mathrm{m/s})$	γ_2	$\omega_2 / m^{4-\gamma_2}$
泥质	1400	1485	3.3	0.000518
沙质	2000	1800	3.3	0.006957

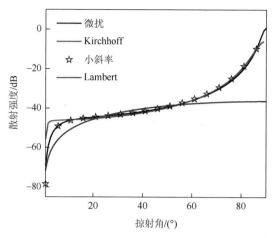

图 4-2 不同散射理论对应的散射强度与掠射角的关系（泥质海底，彩图附书后）

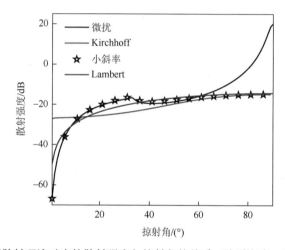

图 4-3 不同散射理论对应的散射强度与掠射角的关系（沙质海底，彩图附书后）

由图 4-2 可以看出，对于泥质海底粗糙界面散射，在掠射角大于 60°的范围内，Kirchhoff 近似与小斜率近似对应的散射强度完全吻合；在掠射角小于 60°的范围内，微扰理论给出的散射强度与小斜率近似完全吻合；在掠射角小于 50°的范围内，Lambert 散射函数对应的散射强度与小斜率近似散射模型接近，但在大掠射角范围内与其他模型的数值计算结果间存在较大差异。

由图 4-3 可以看出，对于沙质海底粗糙界面散射，Kirchhoff 近似预报的散射强度在大于 60°掠射角范围内与小斜率近似预报的散射强度一致。微扰理论预报的散射强度在小于 60°掠射角范围内与小斜率近似预报的散射强度一致。此外，Lambert 散射函数对应的散射强度在全掠射角范围内与小斜率近似对应的散射强度吻合较好，说明沙质海底情况下 Lambert 散射函数适用于预报海底粗糙界面散射所形成的混响声场。

　　图 4-2 和图 4-3 中给出了两种沉积层条件下不同散射理论得到的散射强度随掠射角的变化关系，可以看出，散射理论的具体适用范围随沉积层参数的改变而发生变化。为进一步了解海底沉积层参数对各散射理论适用性的影响机制，这里通过只改变一种参数的方法进行分析。

　　图 4-4 给出了泥质沉积层参数条件下，通过只将粗糙界面谱指数分别修改为3.2、3.4、3.6、3.8 后计算得到的散射强度随掠射角变化趋势。从图中可以看出，Lambert 散射函数对应的散射强度结果在小掠射角范围内与小斜率近似和微扰理论的计算结果趋势基本一致，但在大掠射角范围内与其他模型间存在较大偏差。对于大掠射角散射、小掠射角散射，小斜率近似分别与 Kirchhoff 近似、微扰理论的计算结果拟合较好。谱指数 $\gamma_2 = 3.2$ 时，微扰理论在全掠射角范围内与小斜率近

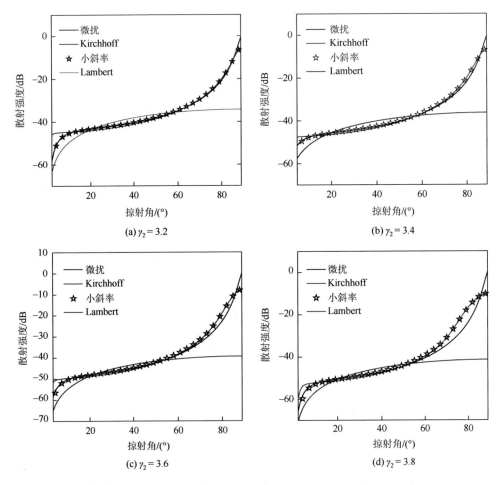

(a) $\gamma_2 = 3.2$　　　　　　　　　　　　(b) $\gamma_2 = 3.4$

(c) $\gamma_2 = 3.6$　　　　　　　　　　　　(d) $\gamma_2 = 3.8$

图 4-4　不同粗糙界面谱指数条件下的数值结果比对（泥质海底，彩图附书后）

似的计算结果相对吻合,随着谱指数增大,微扰理论对应的大掠射角散射强度偏离程度逐渐明显。由式(4-38)可知,随着谱指数增大,界面均方粗糙度减小,与此同时,式中分母部分对应的空间频率部分增大,最终导致散射强度的角度适用范围逐渐减小。谱指数的改变对 Kirchhoff 近似的适用性影响不明显。

图4-5给出了不同粗糙界面谱强度条件下的泥质海底散射强度数值计算结果,从中可以观察到类似的规律,Lambert 散射函数只适用于描述小掠射角散射对应的散射规律。小斜率近似在大掠射角散射、小掠射角散射分别与 Kirchhoff 近似、微扰理论的计算结果拟合较好。$\omega_2 = 0.0005 m^{4-\gamma_2}$ 时,微扰理论在全掠射角范围内与小斜率近似的计算结果基本吻合,随着谱强度增大,两种理论对应的大掠射角散射强度偏差逐渐增大,这是由于均方粗糙度随谱强度增大而增大,微扰理论中的近似条件不再适用。谱强度的改变对 Kirchhoff 近似的相对适用性影响不明显。

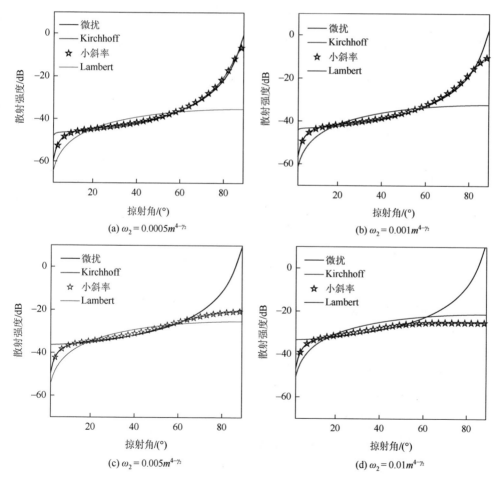

图4-5　不同粗糙界面谱强度条件下的数值结果比对(泥质海底,彩图附书后)

　　图 4-6 给出了沙质沉积层参数条件下，通过只改变粗糙界面谱指数得到的多组散射强度结果。谱指数对不同散射理论角度适用范围的影响规律同图 4-4 中泥质沉积层得到的一致，但由于海底参数均发生改变，不同散射理论的具体适用范围发生了变化。从图 4-6 中可以看出，Lambert 散射函数能够在全掠射角范围内与小斜率近似给出的散射强度结果接近。对于大掠射角散射、小掠射角散射，小斜率近似分别与 Kirchhoff 近似、微扰理论的计算结果拟合较好。随着谱指数增大，微扰理论适用的最大掠射角逐渐减小。谱指数的改变对 Kirchhoff 近似对应散射强度的适用角度范围影响不明显。

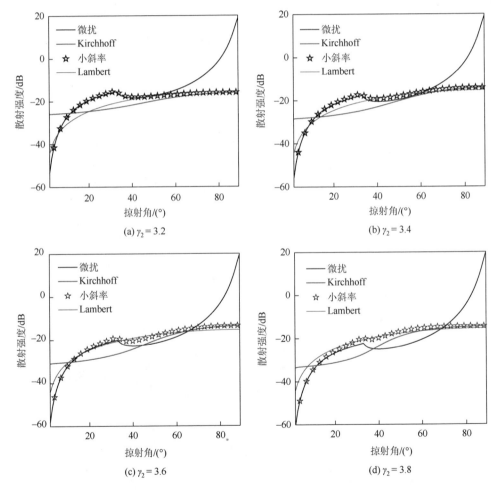

图 4-6　不同粗糙界面谱指数条件下的数值结果比对（沙质海底，彩图附书后）

　　图 4-7 给出了不同粗糙界面谱强度条件下沙质海底散射强度数值计算结果，

从中可以看出类似的规律，小斜率近似在大掠射角散射、小掠射角散射分别与
Kirchhoff 近似、微扰理论的计算结果拟合较好。随着谱强度增大，微扰理论下的
大掠射角散射强度与其余理论计算所得数值结果间偏差逐渐增大。谱强度的改变
对 Kirchhoff 近似的相对适用范围影响不明显。由于 Lambert 散射函数计算所得散
射强度随掠射角变化的相对趋势基本一致，而图 4-7 中另外三种理论计算所得散
射强度变化趋势随谱强度的改变而发生较大变化，故适用范围随参数改变而发生
变化。

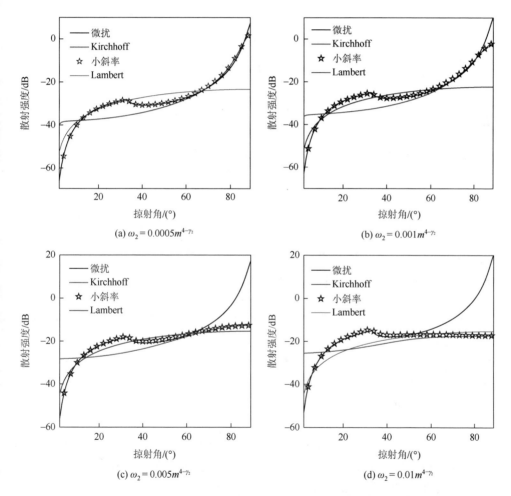

图 4-7　不同粗糙界面谱强度条件下的数值结果比对（沙质海底，彩图附书后）

　　本节详细介绍了基于射线理论确定声线轨迹、传播时间及声场幅值的方法。
此外，对 Lambert 散射函数、微扰理论、Kirchhoff 近似和小斜率近似的主要推导

过程以及采用的假设条件进行了介绍,利用近似条件分析不同散射理论的适用性,通过数值计算对理论分析内容进行验证。数值仿真结果表明,Lambert 散射函数基于经验数据总结得到,数学精度无法概括;微扰理论在低频、小粗糙度、小掠射角、小坡度的条件下适用;Kirchhoff 近似在高频、小曲率、大掠射角条件下适用;小斜率近似在粗糙界面坡度足够小的条件下适用。谱指数或者谱强度的增大会导致微扰理论适用的最大掠射角范围减小,谱参数的改变对 Kirchhoff 近似适用角度范围的影响不明显。理论分析及数值计算结果表明,小斜率近似可以通过单一表达式涵盖另外三种散射模型的适用范围,且物理意义清晰。

在后续的深海混响建模过程中,将基于本节的理论基础展开。

4.3　基于小斜率近似的深海海面混响研究

海面混响是预报低频声呐系统混响强度的重要参数之一。Chapman 和 Harris[16] 首先利用爆炸声源测量低频海面混响,总结给出海面散射强度经验公式。在这一研究之后,学者们又开展了大量低频混响测量工作[17-21],多数情况下海面散射强度测量结果低于 Chapman-Harris 经验结果[22],Richter[23]推测指出这是由于测量过程中风致气泡层并未充分形成,此外海面温度也是影响测量结果的原因之一。在此研究基础上,Ogden 和 Erskine[24, 25]利用爆炸声源测量低频海面反向散射强度,总结给出三种散射区,即低海况高频和所有风速条件下的低频海面散射特性与微扰理论描述的海面粗糙界面散射特性一致,高海况下的高频海面散射特性与 Chapman-Harris 经验曲线给出的气泡层散射特性描述一致,以及两种条件之间的临界情况,并由此将微扰理论和 Chapman-Harris 经验公式联合起来,提出计算海面散射强度的总的散射公式。在实际混响测量过程中,由于难以满足海面充分发展、海面温度与理论吻合的情况,气泡层散射经验公式在实际使用过程中具有一定的局限性[22]。本章通过数值计算说明,低海况条件下的低频海面混响可以认为主要由水-空气间粗糙界面散射声场形成,气泡散射作用可以忽略。

深海环境中混响信号的多途时延大于浅海,对于声源与接收器均靠近海面的情形,直达信号之后紧随的混响信号由海面混响主导,不受海底散射声场的影响。关于海面混响模型的研究,Schneider[26]基于分步抛物方程给出适用于环境随水平距离变化条件下的海面混响计算方法,其中散射核函数采用 Lambert 散射函数。Ellis[27]基于射线理论给出海面混响的一般表达形式,利用 Lambert 散射函数描述声场散射过程,而目前国内的有关研究相对较少。以上海面混响的测量分析及建模计算过程中,主要采用微扰理论或经验散射函数计算粗糙海面散射系数,由此给出具有一定物理意义的海面混响理论。然而,直达信号之后到达的海面混响首先是入射声与海面发生大掠射角散射,随时间推移,掠射角逐渐减小,而以上方法均不适用于描述全掠射角范围内散射所形成的混响声场。在海面粗糙界面散射的研究发展过程中，常用 Kirchhoff 近似计算近垂向大掠射角散射，用微扰理论计算小掠射角散射[28]，假定界面斜坡足够小，小斜率近似可以对两种散射情况给出统一描述方法[8, 29]。

本节利用小斜率近似方法推导 Green 定理描述的混响声场，由此得到海面混响模型；通过分析南海混响实验中获取的海面混响数据，发现低频海面混响主要来源于海面粗糙界面散射；利用实测海面混响对海面混响模型进行对比验证。

4.3.1　深海海面混响模型

深海环境中多途时延远大于浅海，对于近海面收发的情形，在直达波到达接收器之后、海底反射声到达接收器之前的一段时间内，接收器接收到的信号只包括海面反射及海面散射信号，与海底无关。如图 4-8 所示，收发水听器位于坐标系中 O 点所在垂线的不同深度处。这里首先考虑粗糙界面散射形成的海面混响。

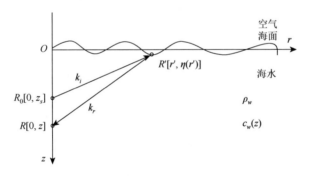

图 4-8　深海海面混响示意图

假设海面粗糙界面满足各向同性，这里采用三维模型研究海面混响强度。单位点声源位于位置 $R_0 = [r_s, z_s]$，其中 $r_s = (x_s, y_s)$，由图 4-8 可以看出，这里认为声源水平坐标为原点 O。随深度变化的水体声速为 $c_w(z)$，密度为常数 ρ_w。假设声波以平面波形式入射到水-空气界面上位置 $R' = [r', \eta(r')]$ 并发生散射，在位置 $R = [r_s, z]$ 处接收，单位点源在海面位置 R' 处形成的声场近似满足 Dirichlet 边界条件 $p(R') = 0$。基于 Green 定理，位置 R 处声场的积分方程可表示为[30]

$$p(R) = p_0(R, R_0) - \frac{1}{4\pi} \int G_0(R, R') \nabla_{R'} p(R', R_0) \mathrm{d}S \tag{4-65}$$

式中，$p_0(R, R_0)$ 为平坦界面条件下声源在位置 R 形成的声场；$p(R', R_0)$ 为粗糙界面条件下声源在位置 R' 形成的声场；G_0 为 Green 函数，在声速为 $c(z)$ 的深海环境

中，基于射线理论的 Green 函数表示为

$$G_0(R,R') = \sum_m A_{sm}(R,R')\exp(iK_{sm}\cdot r') \times \exp\left(ik_w\int_{z'}^{z}\sqrt{n^2(z'')-\cos^2\theta_{sm}}\,dz''\right) \quad (4\text{-}66)$$

其中，k_w 为参考点波数，这里选取散射位置 R' 为参考点，那么波数 $k_w = \omega/c_w(z)$，A_{sm}、K_{sm} 和 θ_{sm} 分别为第 m 条反向传播本征声线的声压幅值、波数水平分量和掠射角，折射率 $n(z) = c_w(z)/c_w(z')$。本节中的声压幅值、掠射角及传播时间利用 BELLHOP 声场计算程序进行计算[31]。这里只考虑最先到达接收器的声线所形成的海面混响，即图 4-8 所示的直接由海面散射返回接收位置的声线路径，那么只有 $m = 1$ 的情况。为简便，Green 函数在这里可表示为

$$G_0(R,R') = A_s(R,R')\exp(iK_s\cdot r') \times \exp\left(ik_w\int_{z'}^{z}\sqrt{n^2(z'')-\cos^2\theta_s}\,dz''\right) \quad (4\text{-}67)$$

积分方程（4-65）中，粗糙界面条件下形成的声场 p 与平坦边界条件下形成的声场 p_0 之间存在关系 $p_s = p - p_0$，由此得散射声场为

$$p_s(R,R_0) = -\frac{1}{4\pi}\int G_0(R,R')\hat{n}\cdot\nabla_{R'}p(R',R_0)dS \quad (4\text{-}68)$$

将式（4-67）代入式（4-68）中，忽略边缘效应对声压幅值的影响，则点源在水体中形成的散射声场表示为

$$p_s(R,R_0) = -\frac{1}{4\pi}A_s(R,R')Q(k_s,k_i) \quad (4\text{-}69)$$

其中

$$Q(k_s,k_i) = \int\exp\left(iK_sr'+ik_w\int_{z'}^{z}\sqrt{n^2(z'')-\cos^2\theta_s}\,dz''\right)\hat{n}\cdot\nabla_{R'}p(R',R_0)dS \quad (4\text{-}70)$$

$Q(k_s,k_i)$ 在物理意义上代表声源在位置 R' 经粗糙界面散射后形成的声场，下角标 s、i 分别表示由声源到达散射位置的入射过程和由散射位置到达接收器的返回过程。

根据式（4-65），声压在粗糙界面位置 R' 处的法向导数 $\nabla_{R'}p(R',R_0)$ 有以下关系：

$$\nabla_{R'}p(R',R_0) = ikG(R',R_0) - \frac{1}{4\pi}\int_s\nabla_{R'}G(R'',R')\nabla_{R^*}p(R'',R_0)dS' \quad (4\text{-}71)$$

式中，$p(R',R_0)$ 为声场精确解，通过迭代方法对散射声场进行求解。假设粗糙界面坡度足够小，利用一阶小斜率近似，文献[29]推导给出式（4-70）的近似表示形式：

$$Q(k_s,k_i) = \frac{4i}{\Delta k_z}B(k_s,k_i)k_{zi}k_{zs}\int_s\exp(i\Delta k_z\eta(r'))\exp(i\Delta K\cdot r')dr' \quad (4\text{-}72)$$

式中，$k_z = k_w\sin\theta$，$\Delta k_z = k(\sin\theta_i + \sin\theta_s)$；$\Delta K = K_s - K_i$；系数 $B(k_s,k_i)$ 由声线的声压幅值均值确定，由于海面粗糙界面起伏幅度远小于声源深度，根据式（4-67）有

$$B(k_s,k_i) \approx A_i\exp(i(K_i+K_s)\cdot r')$$
$$\cdot\exp\left(ik_w\left(\int_0^{z_s}\sqrt{n^2(z'')-\cos^2\theta_i}\,dz'' + \int_0^{z}\sqrt{n^2(z'')-\cos^2\theta_s}\,dz''\right)\right) \quad (4\text{-}73)$$

结合式（4-69）、式（4-70）、式（4-72）、式（4-73），位置 R 处形成的混响声场可表示为

$$p_s(R, R_0) \approx A_i A_s P^R \frac{k_{zi} k_{zs}}{\mathrm{i} \pi \Delta k_z} \int_s \exp(\mathrm{i} \Delta k_z \eta(r')) \exp(\mathrm{i} \Delta K \cdot r') \mathrm{d} r' \qquad (4\text{-}74)$$

式中

$$P^R \approx \exp\left(\mathrm{i}(K_i + K_s) \cdot r' + \mathrm{i} k_w \left(\int_0^{z_s} \sqrt{n^2(z) - \cos^2 \theta_i} \, \mathrm{d} z + \int_0^z \sqrt{n^2(z) - \cos^2 \theta_s} \, \mathrm{d} z \right) \right) \qquad (4\text{-}75)$$

令散射区域中心位置与声源水平距离为 r_c，声线由声源到达散射位置并返回接收点所经历的时间为

$$t_c \approx \int_0^{z_s} \frac{n^2(z'') \mathrm{d} z''}{c(z'') \sqrt{n^2(z'') - \cos^2 \theta_i(z'')}} + \int_0^z \frac{n^2(z'') \mathrm{d} z''}{c(z'') \sqrt{n^2(z'') - \cos^2 \theta_s(z'')}} \qquad (4\text{-}76)$$

将声线能量非相干叠加后的均值 $\left\langle \left| p_s(R, R_0) \right|^2 \right\rangle$ 作为混响强度 $I_0(R_0, R; t)$，由此得海面混响强度为

$$I_s(R_0, R; t) = \left(A_i A_s P_{i,s}^R \right)^2 (2\pi r_c) \left(\frac{k_{zi} k_{zs}}{\mathrm{i} \pi \Delta k_z} \right)^2 H(k_i, k_s) \qquad (4\text{-}77)$$

式中

$$H(k_i, k_s) = \int_{r - \Delta r/2}^{r + \Delta r/2} \mathrm{d} r' \int_{r - \Delta r/2}^{r + \Delta r/2} \mathrm{d} r'' \exp\left(\mathrm{i} \Delta K(r' - r'') \right) \times \left\langle \exp\left(\mathrm{i} \Delta k_z (\eta_{r'} - \eta_{r''}) \right) \right\rangle \qquad (4\text{-}78)$$

假设随机粗糙海面采用平稳统计量进行描述，对于海面起伏 η_r 满足平稳的高斯随机过程，且 $\langle \eta_r \rangle = 0$，这里 $\langle \cdot \rangle$ 表示取均值的运算符号。

定义一 Stochastic 过程的生成函数为[32]

$$L(\kappa) = \left\langle \exp\left(\mathrm{i} \int \kappa(r) \eta(r) \mathrm{d}^2 r \right) \right\rangle \qquad (4\text{-}79)$$

式中，$\kappa(r)$ 为任意函数。当 $\eta(r)$ 为均值为零的高斯函数时，生成函数有以下关系：

$$L(\kappa) = \exp\left(-\frac{1}{2} \int \kappa(r') \kappa(r'') \left\langle \eta(r') \eta(r'') \right\rangle \mathrm{d}^2 r' \mathrm{d}^2 r'' \right) \qquad (4\text{-}80)$$

由于海面起伏近似满足平稳随机过程，表示粗糙界面起伏高度的自相关函数 $f(r'' - r') = \left\langle \eta(r') \eta(r'') \right\rangle$ 不随空间发生变化。当 $\kappa(r) = \Delta k_z \left[\delta(r - r') - \delta(r - r'') \right]$ 时，可以得到

$$\left\langle \exp\left(\mathrm{i} \Delta k_z (\eta_{r'} - \eta_{r''}) \right) \right\rangle = \exp\left(\Delta k_z^2 \left(f(r'' - r') - f(0) \right) \right) \qquad (4\text{-}81)$$

式中，$f(0) = h_{\mathrm{rms}}^2$，参数 h_{rms} 表示均方根粗糙度。令结构函数 $S(r) = 2\left(f(0) - f(r) \right)$，表示海面两点之间的均方高度差，$v = r' - r''$，那么有

$$H(k_i, k_s) = \Delta r \int \exp(-\mathrm{i} \Delta K \cdot v) \times \left\{ \exp\left(-\Delta k_z^2 S(r) / 2 \right) - \exp\left(-\Delta k_z^2 h_{\mathrm{rms}}^2 \right) \right\} \mathrm{d} v \qquad (4\text{-}82)$$

粗糙界面起伏 $\eta(r)$ 的功率谱在式（4-38）中给出。对于粗糙海面，$\omega_2 = A_s U$，U 为海面风速，A_s 为环境参数。典型开阔海域中，参数 $A_s \in (0.00005, 0.0002)$，$\gamma_2 \in (3.4, 4)$[15,33]，此时结构函数 $S(r)$ 表示为[34]

$$S(r) = C_h^2 r^{2\alpha} \tag{4-83}$$

式中，$C_h^2 = \dfrac{2\pi w_2 \Gamma(2-\alpha) 2^{-2\alpha}}{\alpha(1-\alpha)\Gamma(1+\alpha)}$，$\Gamma$ 为伽马函数，指数 $\alpha = \gamma_2/2 - 1$。

假定声源脉宽为 τ_0，散射界面附近水层声速为 c_0，则

$$\Delta r = \frac{c_0 \tau_0}{\cos\theta_i + \cos\theta_s} \tag{4-84}$$

将式（4-84）代入式（4-77），由此得

$$I_s(R_0, R; t) = (2\pi r_c \Delta r)\left(A_i A_s P_{i,s}^R\right)^2 \Theta \tag{4-85}$$

式中

$$\Theta = \left(\frac{k_{zi} k_{zs}}{\pi \Delta k_z}\right)^2 \int \exp(-i\Delta K \cdot v) \times \left\{\exp\left(-\Delta k_z^2 S(r)/2\right) - \exp\left(-\Delta k_z^2 h_{rms}^2\right)\right\}\mathrm{d}v \tag{4-86}$$

$$S(r) = \frac{2\pi A_s U \Gamma(3-\gamma_2/2)}{(\gamma_2/2-1)(2-\gamma_2/2)\Gamma(\gamma_2/2)} r^{\gamma_2-2} \tag{4-87}$$

式（4-86）在物理意义上表征海面粗糙界面散射强度特性。界面粗糙特性满足各向同性时，在极坐标下式（4-86）可写为[34]

$$\Theta = \frac{2}{\pi}\left(\frac{k_{zi} k_{zs}}{\Delta K \Delta k_z}\right)^2 \int_0^\infty \exp(-qu^{-2\alpha}) J_0(u) u \, \mathrm{d}u \tag{4-88}$$

式中，$q = \dfrac{1}{2} C_h^2 \Delta k_z^2 \Delta K^{-2\alpha}$。

对于高海况环境，海面下风致气泡层的散射作用对海面混响产生重要影响。Gauss 和 Fialkowski[35]给出气泡层散射强度为

$$\sigma_{bub} = \frac{0.0019 d^{5.15} k_w^{-0.6} k_{zi}^2 k_{zs}^2 \left[6 + 3\left(k_{zi}^2 + k_{zs}^2\right)d^2 + \left(k_{zi}^2 - k_{zs}^2\right)^2 d^4\right]}{2\left(1 + k_{zi}^2 d^2\right)\left(1 + k_{zs}^2 d^2\right)\left[1 + (k_{zi} - k_{zs})^2 d^2\right]\left[1 + (k_{zi} + k_{zs})^2 d^2\right]} \tag{4-89}$$

式中，k_z 为波数的垂向分量；d 为空气摩擦的折合深度。依据文献[35]给出的海面风致气泡层散射强度经验公式，空气摩擦的折合深度 d 与风速 U 间存在以下关系：

$$d = \begin{cases} 0.557 - 0.117U + 0.0109U^2, & U > 7.5\text{m/s} \\ -0.19509 + 0.06503U, & 3\text{m/s} \leqslant U \leqslant 7.5\text{m/s} \\ 0, & U < 3\text{m/s} \end{cases} \tag{4-90}$$

考虑海面气泡散射后，式（4-85）中的散射强度项 Θ 将变成 $\Theta + \sigma_{bub}$。

4.3.2　实验数据分析

1. 实验数据处理

中国科学院声学研究所 2020 年在南海开展单船收发作业的深海静态混响实验，实验设计方案在图 4-9 中给出。海深约 4370m，1kg 当量声弹于 1000m 深度处引爆，两个无指向性水听器分别位于其正上方距离海面 31m、86m 深度处。利用温盐深仪实时测量深度 0～1700m 声速剖面，并通过数据插值方法获取全海深的声速情况，结果在图 4-10 中给出，由表面混合层、主跃层和深海等温层构成。图 4-11 中的黑色曲线给出实验期间安德拉气象站测得的平均风速数据，测量间隔为 1min，测量时间持续 1h，由此得到平均风速约为 4.5m/s。

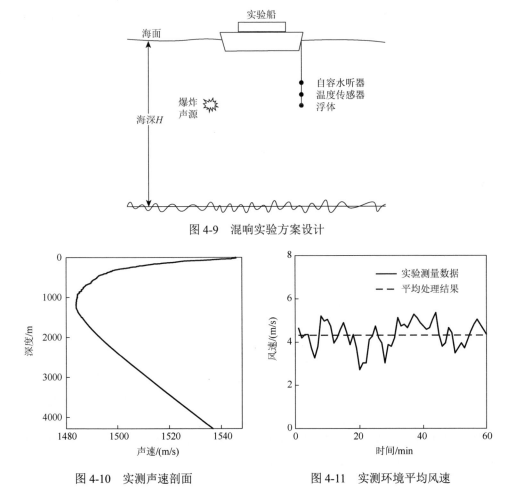

图 4-9　混响实验方案设计

图 4-10　实测声速剖面　　　　　　　　　图 4-11　实测环境平均风速

在 1/3 倍频程带宽内对实验记录的声信号数据进行滤波，得到带宽内信号的平均功率为

$$p(f) = \frac{2}{Nf_s(N_{f_H} - N_{f_L} + 1)} \sum_{n=N_{f_L}}^{N_{f_H}} |X(n)|^2 \qquad (4\text{-}91)$$

式中，N 为所截取离散数据的点数；f_s 为采样率；N_{f_H} 和 N_{f_L} 分别为频率上、下限对应的频点数。以 0.05s 步长、0.1s 窗长对滤波后的窄带信号进行平滑平均处理，得到实测混响强度数据为

$$I_{\text{rece}}(t) = \frac{1}{T} \int_0^T p(f) \mathrm{d}t \qquad (4\text{-}92)$$

根据声弹源级对混响强度进行归一化处理，得到

$$\text{RL}(t) = 10\lg(I_{\text{rece}}(t)) - 10\lg(f_H - f_L) - \text{SL}(f_0) - b \qquad (4\text{-}93)$$

式中，f_H 和 f_L 分别为滤波频率的上、下限；f_0 为中心频率；$\text{SL}(f_0)$ 为中心频率对应的声源谱级；b 为接收水听器的灵敏度。这里，灵敏度 $b = -188\text{dB}$，声弹的声源级如图 4-12 所示。

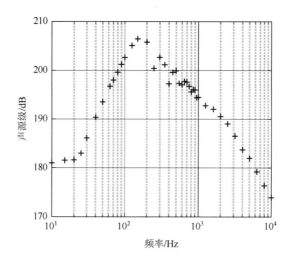

图 4-12　1kg-1000mTNT 声源级

根据混响级 RL 随时间的变化关系给出混响级曲线，将海面反射信号到达接收位置的时刻作为零时刻。图 4-13 和图 4-14 分别给出了声源于 1000m 定深爆炸后 31m 和 86m 深度处接收到的海面混响强度随时间的变化关系，中心频率为 1kHz。图中黑色虚线为 10 组声弹测得的原始混响数据；蓝色实线为重复性实验平均处理后得到的混响强度衰减趋势；将爆炸声信号到达接收点前 2s 环境噪声强度的平均值作为背景环境噪声强度，蓝色虚线为归一化处理后的环境噪声级（NL）；

红色虚线标注给出混响噪声比（reverberation noise ratio，RNR）等于 6dB，即混响级高于环境噪声级 6dB 对应的混响级。可以发现，重复测量得到的混响强度衰减趋势基本一致，混响强度以相对平滑的趋势逐渐衰减，不存在起伏包络的现象，故认为此时体积混响对实测混响的影响可以忽略。

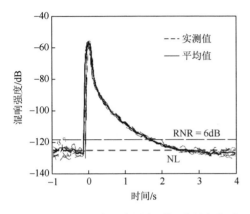 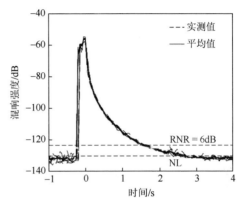

图 4-13　31m 深度处实测海面混响强度衰减　　　图 4-14　86m 深度处实测海面混响强度衰减
　　　　　趋势（彩图附书后）　　　　　　　　　　　　　　趋势（彩图附书后）

　　为分析深海混响的时间结构，这里数值仿真实验环境下无指向性声源发射声信号后，形成海面混响、海底混响的多途声线路径。基于互易定理，图 4-15 和图 4-16 分别给出 31m、86m 接收深度处的出射声线轨迹示意图，其中，黑色实线代表出射角指向海底，蓝色实线代表出射角指向海面。以海面反射信号到达水听器的时刻作为起始时刻，由路径几何关系可知，近垂向入射到海面并以近垂向大掠射角散射返回接收器的声线形成最早返回接收器的海面混响，即紧随海面反射信号之后。同样以近垂向入射到海底并以近垂向大掠射角散射返回接收器的声线形成最早返回接收器的海底混响。图 4-15 中声源深度 31m、接收深度 1000m 的条件下，海底混响最早将于海面反射信号之后 4.39s 到达；图 4-16 中声源深度 86m、接收深度 1000m 时，海面反射信号之后 4.32s 时间内不存在海底散射声能量的干扰，此段时间内水听器接收到的混响声信号只与海面散射有关。

　　图 4-17 将图 4-13 和图 4-14 中两接收深度处的平均混响强度进行比对，可以看出，归一化处理后 31m 接收深度处的环境噪声级（−125.80dB）略高于 86m 深度处（−129.94dB），环境噪声的差异使得 31m 深度处接收到的海面混响强度整体略高于 86m 深度处，而接收深度的改变对海面混响强度衰减趋势影响不明显，两深度处接收到的海面混响大约于 2.6s 开始被环境噪声淹没。本节利用图中红色线段之间的海面混响数据进行验模及反演应用的研究。

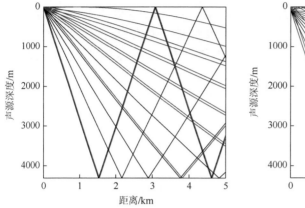

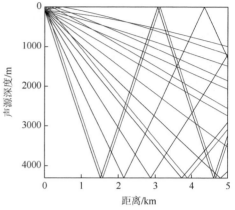

图 4-15　31m 接收深度处声线轨迹示意图　　　图 4-16　86m 接收深度处声线轨迹示意图
　　　　　（彩图附书后）　　　　　　　　　　　　　　　　（彩图附书后）

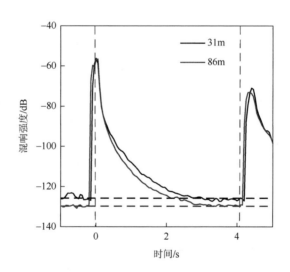

图 4-17　不同接收深度间实测混响数据比对（彩图附书后）

2. 海面散射强度随频率的变化

图 4-18 给出了 86m 深度处接收到的不同频率海面混响强度曲线。图中黑色虚线代表归一化处理后中心频率 1kHz 对应的环境噪声级，可以看出，声信号到达接收器之前，不同频率对应的环境噪声级相近，爆炸声信号到达接收器之后，紧随到达的便是海面反射及海面混响，中心频率 1kHz 的海面混响强度于 2.6s 开始与环境噪声接近，随着频率升高，海面混响强度衰减速度减慢。文献[22] 指出，声源频率为 3～25kHz 对应的海面散射，掠射角大于 30°时，海面反向散

射强度与粗糙界面散射强度一致，小掠射角范围内气泡层散射作用的影响使得海面散射强度大于粗糙界面散射强度，对于频率低于 1kHz 的情况，实测海面散射强度数据能够与粗糙界面散射理论预报结果一致。

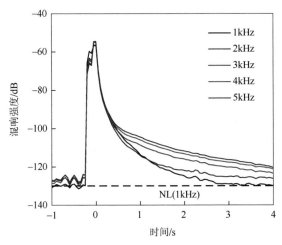

图 4-18　不同频率间实测混响数据比对（彩图附书后）

海面混响为粗糙界面散射和气泡层散射声场的叠加，图 4-18 数值仿真海面反向散射强度与频率间的关系，其中气泡层散射利用式（4-89）计算。图 4-19 给出了不同频率下粗糙界面散射强度和气泡散射强度随掠射角的变化关系，实线代表粗糙界面散射，虚线代表气泡散射。为构建与混响实验相吻合的海面混响模型，根据实验期间的环境参数以及实测海面混响强度衰减趋势，选取海面粗糙界面谱参数 $\gamma_2=3.9$，$A_s=5\times10^{-5}\mathrm{m}^3\cdot\mathrm{s}$。从图 4-19 中可以看出，对于粗糙界面散射，不同频率对应的散射强度相差不大，而对于气泡散射，散射强度随着频率升高逐渐增大。图 4-20 中虚线为叠加气泡散射和粗糙界面散射后得到的海面散射强度随掠射角的变化关系，与实线给出的粗糙界面散射强度对比可以发现，频率为 1kHz 的海面散射强度和粗糙界面散射强度基本重合，此时气泡散射作用对海面散射强度特性基本无影响。由于气泡散射强度与频率之间正相关，随着频率升高，小掠射角范围的海面散射强度逐渐高于粗糙界面散射强度，且两者间差值逐渐增大。这里重点分析海面粗糙界面散射作用下的深海海面混响，为减小气泡层散射对海面混响强度衰减趋势的干扰，下文将选取中心频率 1kHz 的混响数据进行研究。

4.3.3　数值仿真验证

由于实际接收的混响信号不可避免地包含噪声信号，这里考虑噪声对海面混响强度衰减特性的影响。假设环境噪声为平稳的高斯噪声，混响模型预报的

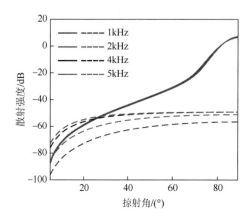 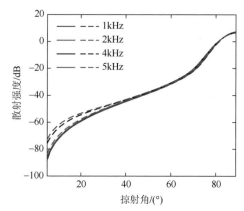

图 4-19　不同频率下气泡和界面反向散射强　　　图 4-20　不同频率下界面和总反向散射强度
度随掠射角变化关系（彩图附书后）　　　　　　随掠射角变化关系（彩图附书后）

非相干混响强度如式（4-85）所示，噪声与混响信号是两个相互独立且互不相关的随机过程，那么混响信号和环境噪声信号平均强度的叠加可以用下列叠加的形式进行描述，即

$$I_{\text{rece}}(r) = I_{\text{rev}}(r) + I_{\text{noise}} \tag{4-94}$$

式中，$I_{\text{rece}}(r)$ 为实际接收到的实测平均混响强度；$I_{\text{rev}}(r)$ 为真实平均混响强度；I_{noise} 为环境平均噪声强度，假设其是稳定、各向同性的，因此不随水平距离发生变化。

图 4-21 和图 4-22 分别给出了不考虑环境噪声、叠加环境噪声的海面混响强度数值仿真结果，并与实测海面混响强度进行比对，接收深度分别为 31m 和 86m。考虑环境噪声的仿真结果与实测数据基本吻合，验证了海面混响模型的可行性。对比不考虑噪声的混响强度计算结果可以看出，图 4-21 和图 4-22 分别在 1.3s 和

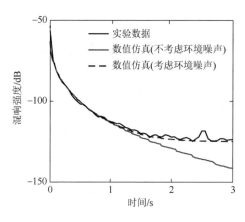 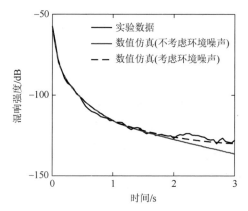

图 4-21　31m 深度处接收海面混响强度拟合　　　图 4-22　86m 深度处接收海面混响强度拟合
（彩图附书后）　　　　　　　　　　　　　　　（彩图附书后）

1.7s 之前的一段数据吻合效果较好，由于海面混响强度衰减较快，此后数值预报结果与实测数据间的差异逐渐增大，说明该时刻之后的实验数据不能直接代表海面混响强度，因此后面将统一利用 1s 之前的数据反演该海区的海面粗糙界面散射特性。此外，根据对图 4-17 中的数据分析可以得到，不考虑噪声影响后，相比于 86m 深度处混响数据的拟合结果，31m 深度处的数据拟合效果更差，这是 31m 深度处的环境噪声级相对更高造成的。

近海面收发的深海混响实验中，海面反射信号到达水听器之后的一段时间内接收到的混响声信号由海面混响主导。本章基于小斜率近似给出深海海面混响强度预报模型，该模型适用于描述全掠射角范围内粗糙界面散射形成的混响声场。通过分析实测混响数据发现，随着频率升高，海面混响强度衰减速度减慢。数值计算结果表明，由于气泡散射强度与频率之间正相关，低频混响数据更适用于分析粗糙界面散射所形成的混响声场。本节提出的海面混响模型可以较好地预报深海海面混响。由于深海低频海面混响与粗糙界面强相关，本书作者提出利用深海海面混响反演海面粗糙界面谱参数 A_s 和 γ_2 的方法，通过实验数据验证了利用混响强度衰减趋势反演海面粗糙界面散射特性的可行性。该反演需输入海面风速、混响数据、水体声速、收发深度，即可反演得到海面粗糙界面谱参数。

4.4　深海海底混响模型

实测深海混响强度衰减趋势可以显现出不同路径散射声能量传播到接收点形成的强度起伏趋势[36]，其中同时包含了海面散射和海底散射的贡献。研究深海海底混响时，一般根据多途时延对海底散射路径到达接收器对应的一段混响强度进行分析和计算。

本节根据混响形成的物理过程，基于 Green 定理描述深海海底混响声场精确解，利用小斜率近似对声场近似推导得到海底混响模型。将海面、海底混响强度线性叠加给出深海混响强度，利用深海实测混响数据对模型进行验证。本节通过理论计算和数值分析，比较海面和海底混响强度衰减特性差异，揭示不同时间段的混响信号多途属性。

4.4.1　基于小斜率近似的深海海底混响理论模型

这里要研究的深海海底混响建模问题如图 4-23 所示，O 为坐标系原点，收发水听器位于 O 点所在垂线的不同深度处，$R = (r, z)$ 和 $r = (x, y)$ 分别表示三维向量和二维向量，声源和接收点分别位于 $(0, z_s)$ 和 $(0, z_r)$，海底散射位置为 $(r', H + \eta(r'))$。

假定液态半无限均匀海底沉积层密度为 ρ_b，声速为 c_b，这里主要考虑海底粗糙界面散射声场的作用。

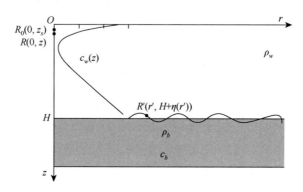

图 4-23　深海海底混响示意图

假定单频声源角频率为 ω，单位点源在粗糙海底界面条件下形成的声场可由 Helmholtz 方程表示为[37, 38]

$$\tilde{\rho}(R)\nabla \cdot \left[\frac{1}{\tilde{\rho}(R)}\nabla G(R,R_0) \right] + \tilde{k}^2(R)G(R,R_0) = -4\pi\delta(R-R_0) \qquad （4\text{-}95）$$

式中，$\tilde{\rho}(R)$ 和 $\tilde{k}(R)$ 分别为由海底界面起伏导致的随空间变化的密度和波数，如图 4-24 所示，粗糙界面将水-沉积层界面处划分为

$$(\tilde{\rho},\tilde{k}) = (\rho_w, k_w), \quad z \leqslant H+\eta(r) \qquad （4\text{-}96）$$

$$(\tilde{\rho},\tilde{k}) = (\rho_b, k_b), \quad z > H+\eta(r) \qquad （4\text{-}97）$$

$G(R,R_0)$ 表示"实际"Green 函数，即考虑海底粗糙界面散射作用条件下的 Green 函数。

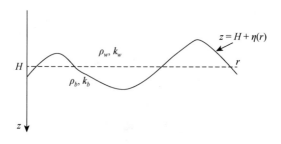

图 4-24　海底粗糙界面示意图

不考虑海底粗糙界面对声场的影响，即在界面平坦的情况下，声场可由 Helmholtz 方程表示为

$$\rho(R)\nabla \cdot \left[\frac{1}{\rho(R)}\nabla G_0(R,R_0)\right] + k^2(R)G_0(R,R_0) = -4\pi\delta(R-R_0) \quad (4\text{-}98)$$

式中，$\rho(R)$ 和 $k(R)$ 分别为海底边界平坦条件下的密度和波数。此时，有

$$(\rho,k) = (\rho_w,k_w), \quad z < H \quad (4\text{-}99)$$

$$(\rho,k) = (\rho_b,k_b), \quad z \geqslant H \quad (4\text{-}100)$$

海底粗糙界面作用下形成的声场变化可表示为

$$p_b = G(R,R_0) - G_0(R,R_0) \quad (4\text{-}101)$$

将式（4-95）和式（4-98）代入式（4-101）中，海底粗糙界面散射作用下的散射声场精确解可表示为[39]

$$
\begin{aligned}
p_b(R_s,R_i) = \frac{1}{4\pi}\int \mathrm{d}^2 r' \int_0^{\eta(r')} \mathrm{d}\eta &\left\{ k_w^2\left(\frac{1}{a_p^2 a_\rho}-1\right)G(R,R')G(R',R_0)\right. \\
&+\left(1-\frac{1}{a_\rho}\right)\times \nabla_\perp' G(R,R') \cdot \nabla_\perp' G(R',R_0) \\
&\left.+(a_\rho-1)\frac{\partial}{\partial z'}G(R,R')\frac{\partial}{\partial z'}G(R',R_0)\right\}\Bigg|_{z'=H+\eta^+} \quad (4\text{-}102)
\end{aligned}
$$

式中，a_ρ 和 a_p 分别为海底沉积层与水体间的密度比值和声速比值。假定海底坡度足够小，利用小斜率近似处理声波散射问题。在小斜率近似中，对于海底粗糙界面利用了 Kirchhoff 近似中的近似处理方式，将粗糙界面近似为局部切平面，表面场由切平面构成的声场近似。由此得到

$$G(R',R_0) \approx G_0(R',R_0)(1+V_{ww}) \quad (4\text{-}103)$$

$$\nabla G(R',R_0) \approx \mathrm{i}k_i \cdot N G_0(R',R_0)(1-V_{ww}) \quad (4\text{-}104)$$

式中，G_0 为式（4-66）中给出的基于射线理论的 Green 函数；N 为粗糙界面法向量。

在一阶小斜率近似中，声场幅值部分采用了微扰理论中的近似处理方法，即不平整交界面产生的散射声场幅值部分近似为平整界面的情况。由此得到

$$
\begin{aligned}
\nabla_\perp' G(R,R') = \sum_m \mathrm{i}K_m\left(1+V_{ww}(\theta_m)\right)A_m(R,R')\exp(\mathrm{i}K_m \cdot r') \\
\cdot \exp\left(\mathrm{i}k_w \int_z^{H+\eta(r')}\sqrt{n^2(z'')-\cos^2\theta_m^i}\,\mathrm{d}z''\right) \quad (4\text{-}105)
\end{aligned}
$$

$$
\begin{aligned}
\frac{\partial}{\partial z'}G(R,R') = \sum_m \mathrm{i}k_z\left(1-V_{ww}(\theta_m)\right)A_m(R,R')\exp(\mathrm{i}K_m \cdot r') \\
\cdot \exp\left(\mathrm{i}k_w \int_z^{H+\eta(r')}\sqrt{n^2(z'')-\cos^2\theta_m^i}\,\mathrm{d}z''\right) \quad (4\text{-}106)
\end{aligned}
$$

将式（4-105）和式（4-106）代入式（4-102）中，得到

$$p_b(R_s, R_i) = A_m A_n P_{m,n}^R \frac{k_w^2 |A_{ww}|}{2\pi} \int \mathrm{d}^2 r \int \mathrm{d}\eta(r) e^{-i\Delta K \cdot r - i\Delta k_z z'} \tag{4-107}$$

式中

$$A_{ww} = \frac{(1+V_m)(1+V_n)}{2} \times \left[1 - a_p^2 a_\rho + (1-a_\rho)\left(\cos\theta_m^i \cos\theta_n^i \right.\right.$$
$$\left.\left. + a_\rho \sqrt{a_p^2 - \cos^2\theta_m^i} \sqrt{a_p^2 - \cos^2\theta_n^i} \right) \right] \tag{4-108}$$

将式（4-107）在 z 方向积分求解，得到

$$p_b(R_s, R_i) = A_m A_n P_{m,n}^R \frac{k_w^2 |A_{ww}|}{2\pi \Delta k_z} \int e^{-i\Delta K \cdot r - i\Delta k_z \eta(r)} \mathrm{d}^2 r \tag{4-109}$$

令散射声场的非相干叠加为混响强度，即 $I_b(R_0, R; t) = \left\langle \left| p_b(R) \right|_{inc}^2 \right\rangle$，则海底混响强度表示为

$$I_b = 2\pi r_c \left(A_m A_n P_{m,n}^R \right)^2 \frac{k_w^4 |A_{ww}|^2}{(2\pi)^2 \Delta k_z^2} H(k_1, k_2) \tag{4-110}$$

式中

$$H(k_1, k_2) = \int_{r-\Delta r/2}^{r+\Delta r/2} \mathrm{d}r' \int_{r-\Delta r/2}^{r+\Delta r/2} \mathrm{d}r'' \exp(i\Delta K(r'-r'')) \times \left\langle \exp(i\Delta k_z(\eta_{r'} - \eta_{r'})) \right\rangle \tag{4-111}$$

参照式（4-78）～式（4-83）的变换形式，得到海底混响强度为

$$I_b(t) = 2\pi r_c \Delta r \left(A_m A_n P_{m,n}^R \right)^2 \frac{k_w^4 |A_{ww}|^2}{(2\pi)^2 \Delta K^2 \Delta k_z^2} \int e^{-i\Delta K \cdot r} \left(e^{-\frac{1}{2}\Delta k_z^2 s(r)} - e^{-\Delta k_z^2 h^2} \right) \mathrm{d}^2 r \tag{4-112}$$

水听器接收到的深海混响强度为海面和海底混响强度的线性叠加，即

$$I(t) = I_s(t) + I_b(t) \tag{4-113}$$

4.4.2　实验数据分析

利用 2020 年南海实测混响数据对混响模型进行验证和分析，实验有关介绍在 4.3 节中给出。假设海底为液态半无限空间，基于深海混响强度衰减趋势反演所得海底声学参数为：海底声速 1760m/s，沉积层密度 1989kg/m³，水-沉积层界面谱指数 $\gamma_{2b} = 3.6$，谱强度 $\omega_{2b} = 0.0065\ m^{4-\gamma_{2b}}$。该参数代表的海底底质特性与实验过程中海底采样获取的样品测量参数基本一致，具体海底参数反演过程将在第 5 章中给出详细说明。

根据 86m 深度处实测混响数据，原始混响数据时频图在图 4-25 中给出，频率范围为 10Hz～5kHz。从时域看，直达波在图中 11s 时刻到达接收器，随后到达的是界面反射信号和混响信号。从频域看，直达波能量在低频范围内相对更高，

500Hz 以下低频范围内环境噪声能量也相对偏高，使得混响能量受环境噪声干扰严重，而 1~5kHz 混响噪声比相对更高。

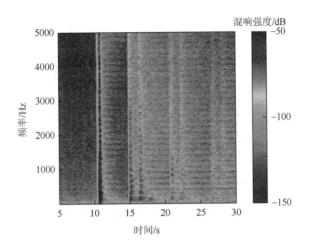

图 4-25　实测混响时频图（86m，彩图附书后）

图 4-26 和图 4-27 分别给出了 1000m 声源定深爆炸后，在 31m 和 86m 深度处接收到的混响数据经滤波及平滑平均处理后的结果。将海面反射信号到达接收位置的时刻作为零时刻，由于不同频率对应的混响强度波形结构是相同的，这里只分析中心频率为 1kHz 的情况。其中黑色虚线为单组爆炸声结果，将 10 组爆炸数据平均计算后得到的混响强度衰减趋势用蓝色实线给出，根据深海混响强度表达式，以相同环境参数仿真混响强度衰减，并与实测结果进行对比验证。

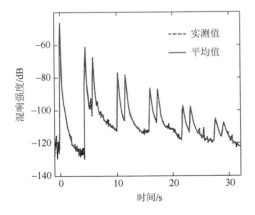

图 4-26　31m 深度处实测混响强度衰减趋势
（彩图附书后）

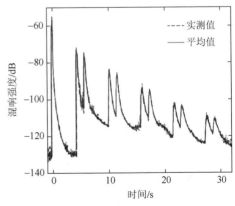

图 4-27　86m 深度处实测混响强度衰减趋势
（彩图附书后）

　　图 4-28 将 31m 和 86m 深度处接收到的混响强度衰减趋势进行了比对，86m 深度处接收到声信号的信号噪声比略高于 31m 深度处，这使得混响强度相对接近环境噪声时，86m 深度处的混响强度会略高于 31m 处，两深度处对应的混响强度衰减趋势整体相对一致，说明这里接收深度的改变对深海混响强度衰减趋势的影响不明显。

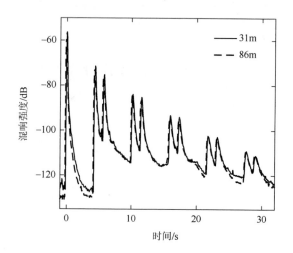

图 4-28　不同接收深度间实测混响强度衰减趋势比对（彩图附书后）

　　图 4-29 和图 4-30 分别给出了两深度处不同中心频率下的混响强度衰减趋势，从图中 0.5～4.2s、4.8～5.6s、6.4～10.0s、11.0～11.4s、12.4～15.7s 可以明显看出，混响强度衰减速度随声源频率升高而减缓，两深度处接收到的数据规律基本一致。参照海面混响强度与频率间关系的分析过程，这是由于随频率升高，气泡层散射

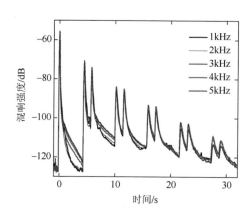

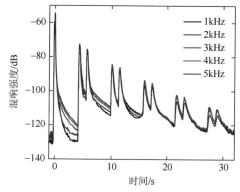

图 4-29　31m 深度处不同频率间实测混响数据比对（彩图附书后）

图 4-30　86m 深度处不同频率间实测混响数据比对（彩图附书后）

强度随掠射角减小而下降的速度减慢。由于这里只考虑海面界面及海底界面散射作用对深海混响的贡献，为忽略海面气泡层散射声场的影响，这里分析中心频率为 1kHz 条件下的混响数据。

4.4.3 数值仿真验证

1. 海底混响数值模拟及与实验结果对比分析

在分析 2020 年南海深海混响实验数据的过程中，假设中心频率为 1kHz 时体积混响对深海混响的影响可以忽略，结合 4.3 节给出的海面混响模型，这里将实测混响数据看成海面混响和海底混响的叠加，如式（4-113）所示，在海面混响模型得到验证的基础上，这里对海底混响模型进行仿真验证。

形成海面混响的多途声线经界面多次反射由粗糙海面散射返回接收器，为直观表示散射路径，根据界面反射次数对传播路径进行分类。忽略声速剖面对声线轨迹的作用，图 4-31 给出了前八种入射声场传播路径示意图，编号分别为 00、01、11、12、22、23、33 和 34，两位编号数字分别表示海面、海底反射次数。由互易定理可知，返回接收器的路径和入射路径类型相同，海面散射声能量沿着两两组合的多途路径以一定的时延依次传播到达接收器。

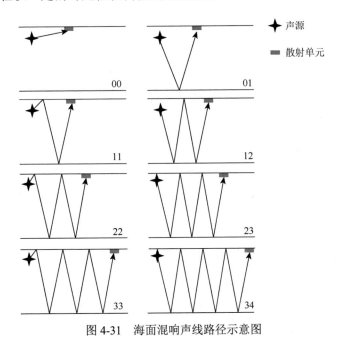

图 4-31 海面混响声线路径示意图

与海面混响类似，图 4-32 列举形成海底混响的八种入射路径，编号分别为 00、

10、11、21、22、32、33 和 43，海底粗糙界面散射的声能量沿多途路径到达接收器。接收到的混响首先是未经界面反射的海底散射声场，随后是经多次界面反射后由海底散射回接收器的声场。

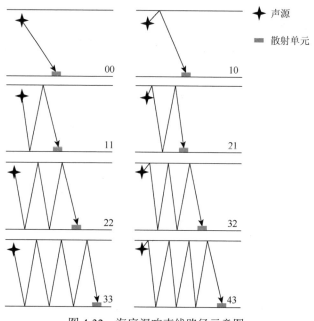

图 4-32　海底混响声线路径示意图

考虑图 4-31、图 4-32 中列举出的声线路径情况，图 4-33 和图 4-34 给出了接收深度分别为 31m 和 86m 处的混响强度数值模拟结果。图中黑色实线为实测数

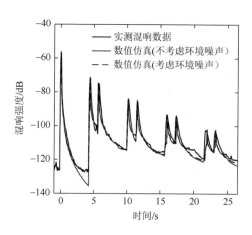

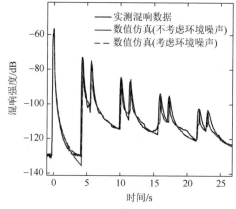

图 4-33　31m 深度处混响强度拟合
（彩图附书后）

图 4-34　86m 深度处混响强度拟合
（彩图附书后）

据，蓝色实线为理论预报混响强度结果，黑色虚线为数值计算得到的混响强度与环境噪声强度叠加后得到的混响强度衰减趋势。从图中可以看出，考虑环境噪声的混响强度数值计算结果能够在全掠射角范围内与实测混响强度数据实现较好的拟合。此外可以发现，图 4-33 和图 4-34 中 18.34～21.18s 的实测混响衰减趋势中呈现一个起伏的"鼓包"，这里认为是由海底地形起伏导致的，针对这一现象，在未来的工作中需要进一步地进行数值分析和验证。

2. 混响时间结构分析

以上计算所得混响是海面散射声场和海底散射声场两部分贡献的叠加，为了解两种散射分别对总混响的贡献程度，这里将接收深度为 86m 条件下的海底混响与海面混响分别计算，结果在图 4-35 中给出，二者能量叠加即如图 4-27 所示的数值模拟结果。

由图 4-35 可以看出，由于收发设备相对接近海面，海面混响最先到达，形成较大的混响强度峰值，并随时间推移而快速衰减。相比之下，海底散射形成的海底混响衰减较慢。综合海面和海底混响强度曲线可以发现，对于多途散射声场以一定的时延相继到达接收器形成的混响强度峰值，海面混响强度峰值远大于海底混响强度。对于混响强度峰值以外的部分，由于海面混响衰减速度较快，海底混响强度远大于海面混响强度，海底混响对峰值以外的深海混响衰减趋势起主导作用。这是由于未经界面反射直接由海面到达接收器的声线路径最短，散射能量最先到达，由于声源离海面较近，声线路径增加相同的水平距离，声源越靠近海面，海面散射掠射角减小速度越快。对于海底混响，由于声源距海底相对较远，到达海底的声线散射掠射角减小速度相对较慢。图 4-36 给出了实验环境参数下由小斜

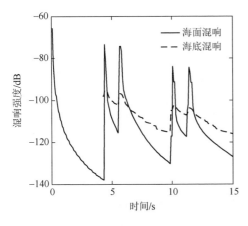

图 4-35　海面和海底混响强度衰减趋势对比

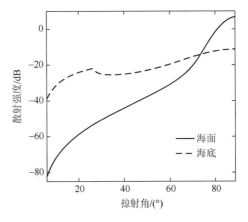

图 4-36　海面散射强度和海底散射强度

率近似散射模型得到的海面和海底散射强度与掠射角的关系，可以看出，随掠射角减小，海面散射强度衰减速度快于海底散射强度，这也是海面混响强度衰减速度快于海底混响强度的原因之一。

为进一步分析多途声线形成深海混响的物理机制，图 4-37 分别给出了各个路径形成的混响强度衰减趋势，其中黑色实线为形成海面混响的路径，蓝色实线为形成海底混响的路径。单条路径形成的混响持续存在，某一时刻的深海混响由多途声线散射声场叠加形成。对比各路径的混响强度及衰减趋势可以看出，多途声线刚到达接收水听器时近垂向大掠射角散射形成的混响强度大于较早到达的声线对应的混响强度。此外，路径 00-00、00-11、00-12 对应的混响强度峰值远大于相同时刻其他路径的混响强度，但由于衰减较快，随着时间推移，海面混响逐渐小于海底混响强度。随着反射次数的增多，类似的混响强度规律周期性出现。

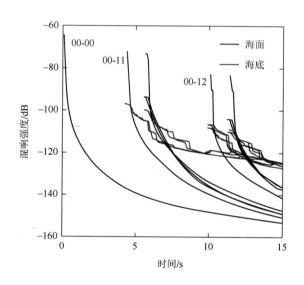

图 4-37　海面、海底单路径混响强度衰减趋势（彩图附书后）

深海混响同时包含不同掠射角散射的贡献，根据混响形成的物理过程，在一阶小斜率近似条件下基于 Green 定理建立适用于全掠射角散射的海底混响强度模型。在 4.3 节给出海面混响模型的基础上，本章将海面混响和海底混响叠加，用实测深海混响数据验证数值仿真结果。理论计算与实验数据表明：

（1）某一时刻水听器接收到的混响包含多途路径不同掠射角散射的贡献，适用于全掠射角范围的粗糙界面散射小斜率近似理论预报深海海底混响强度是合理的。

（2）由于海面气泡层对应的小掠射角散射强度随频率升高而增大，对于较高频率的混响强度数据，气泡层散射的影响不可忽略，本章提出的混响模型更适用于描述低频深海混响数据。

（3）在声源和接收器接近海面的条件下，对于近垂向大掠射角散射形成的混响强度峰值，海面混响强度远大于海底；海底反射信号出现之后，小掠射角散射对应的深海混响强度衰减特性由海底散射主导，海面散射贡献可以忽略。

本章研究工作为混响特性数值计算分析和模型校验、混响抑制、利用混响特性的深海海底声学参数反演等提供了重要参考。

参 考 文 献

[1]　Jensen F B. Computational Ocean Acoustics. 2nd ed. New York：Springer，2011.

[2]　MacKenzie K V. Bottom reverberation for 530-and 1030-cps sound in deep water. The Journal of the Acoustical Society of America，1961，33（11）：1498-1504.

[3]　Ellis D D，Crowe D V. Bistatic reverberation calculations using a three-dimensional scattering function. The Journal of the Acoustical Society of America，1991，89（5）：2207-2214.

[4]　Thorsos E I，Jackson D R. The validity of the perturbation approximation for rough surface scattering using a Gaussian roughness spectrum. The Journal of the Acoustical Society of America，1989，86（1）：261-277.

[5]　Dashen R，Henyey F S，Wurmser D. Calculations of acoustic scattering from the ocean surface. The Journal of the Acoustical Society of America，1990，88（1）：310-323.

[6]　Zipfel G G，de Santo J A. Scattering of a scalar wave from a random rough surface：A diagrammatic approach. Journal of Mathematical Physics，1972，13（2）：1903-1911.

[7]　Voronovich A G. Small-slope approximation in wave scattering by rough surfaces[J]. Soviet Physics-JETP，1985，62：65-70.

[8]　Jackson D R，Richardson M D. High-Frequency Seafloor Acoustics. New York：Springer，2007.

[9]　Jackson D R. Models for scattering from the sea bed. Proceedings of the Institute of Acoustics，1994，16：161-169.

[10]　Thorsos E I. The accuracy of the single backscattering，multiple forward scattering approximation for low grazing angle sea surface reverberation. The Journal of the Acoustical Society of America，1990，88（S1）：S83-S84.

[11]　Winebrenner D P，Ishimaru A. Application of the phase-perturbation technique to randomly rough surfaces. The Journal of the Optical Society of America，1985，2（12）：2285-2294.

[12]　Thorsos E I，Broschat S L. An investigation of the small-slope approximation for scattering from rough surfaces. Part I. Theory. The Journal of the Acoustical Society of America，1995，97（4）：2082-2093.

[13]　Bass F G，Fuks I. Wave Scattering from Statistically Rough Surface. Oxford：Pergamon Press Ltd.，1979：72-102.

[14]　Voronovich A G. Small-slope approximation in wave scattering by rough surfaces. Soviet Physics，1985，62：65-70.

[15]　Gauss R C，Gragg R F，Wurmser D，et al. Broadband models for predicting bistatic bottom，surface，and volume scattering strengths. Washington：NASA，2002.

[16]　Chapman R P，Harris J H. Surface backscattering strengths measured with explosive sound sources. The Journal of the Acoustical Society of America，1962，34（10）：1592-1597.

[17]　Bachmann W. A theoretical model for the backscattering strength of a composite-roughness seasurface. The Journal of the Acoustical Society of America，1973，54（3）：712-716.

[18]　Crowther P A. Acoustical scattering from near-surface bubble layers. Cavitation and Inhomogeneities in Underwater

Acoustics，Berlin，1980：194-204.

[19] Niitzel B，Herwig H，Monti J M，et al. The influence of surface roughness and bubbles on sea surface acoustic backscattering. London：Naval Underwater Systems Center，1987.

[20] McDaniel S T. Acoustical Estimates of Subsurface Bubble Densities in the Open Ocean and Coastal Waters//Kerman B R. Sea Surface Sound. Dordrecht：Springer，1988：255-236.

[21] McDaniel S T. Sea-surface reverberation fluctuations. The Journal of the Acoustical Society of America，1993，94（3）：1551-1559.

[22] McDaniel S T. Sea surface reverberation：A review. The Journal of the Acoustical Society of America，1993，94（4）：1905-1922.

[23] Richter R M. Measurements of backscattering from the sea surface. The Journal of the Acoustical Society of America，1964，36（5）：864-869.

[24] Ogden P M，Erskine F T. Surface and volume scattering measurements using broadband explosive charges in the Critical Sea Test 7 experiment. The Journal of the Acoustical Society of America，1994，96（5）：2908-2920.

[25] Ogden P M，Erskine F T. Surface scattering measurements using broadband explosive charges in the Critical Sea Test experiments. The Journal of the Acoustical Society of America，1994，95（2）：746-761.

[26] Schneider H G. Surface loss，scattering，and reverberation with the split-step parabolic wave equation model. The Journal of the Acoustical Society of America，1993，93（2）：770-781.

[27] Ellis D D. A shallow-water normal-mode reverberation model. The Journal of the Acoustical Society of America，1995，97（5）：2804-2814.

[28] Bass F G，Fuks I M. Wave Scattering from Statistically Rough Surfaces. New York：Pergamon，1978.

[29] Voronovich A G. A Unified Description of Wave Scattering at Boundaries with Large and Small Scale Roughness//Merkvinger H M. Progress in Underwater Acoustics. Boston：Springer，1987：25-34.

[30] Maue A W. On the formulation of a general scattering problem by means of an integral equation. Zeitschrift für Physik，1949，126：601-618.

[31] Porter M B. The Bellhop Manual and User's Guide：Preliminary Draft. LaJolla：Heat，Light，and Sound Research Inc.，2011：17-20.

[32] Sherrington D. Stochastic processes in physics and chemistry. Physics Bulletin，1983，34：166.

[33] Broschat S L，Thorsos E I. An investigation of the small-slope approximation for scattering from rough surfaces. Part II. Numerical studies. The Journal of the Acoustical Society of America，1997，101（5）：2615-2625.

[34] Jackson D R，Winebrenner D P，Ishimaru A. Application of the composite roughness model to high-frequency bottom backscattering. The Journal of the Acoustical Society of America，1986，79（5）：1410-1422.

[35] Gauss R C，Fialkowski J M. A broadband model for predicting bistatic surface scattering strengths. Proceedings of the 5th European Conference on Underwater Acoustics，2000，2：1165-1170.

[36] Merklinger H M. Bottom reverberation measured with explosive charges fired deep in the ocean. The Journal of the Acoustical Society of America，1968，44（2）：508-513.

[37] Morse P M，Ingard K U. Theoretical Acoustics. New York：McGraw-Hill，1968.

[38] Brekhovskikh L M，Godin O A. Acoustics of Layered Media I. Berlin：Springer，1990.

[39] Ivakin A N. A unified approach to volume and roughness scattering. The Journal of the Acoustical Society of America，1998，103（2）：827-837.

第 5 章　倾斜海底混响模型

从浅海到深海，有一段海底倾斜的过渡海域，过渡海域的混响同样是该海域主动探测的主要干扰之一。建立倾斜海底海域混响特性模型，正确认识该海域混响特性，对主动声呐性能的提高具有重要意义。对于倾斜海底混响，考虑海底散射是其产生的主要因素，利用类似的方法可以建立海面混响模型。

本章介绍两类倾斜海底混响模型，一类是倾斜海底低频远程混响模型，另一类是倾斜海底高频近程混响模型。第一类远程混响模型借助浅海全波动混响模型，将距离无关的平坦海底混响模型推广到倾斜海底[1]，需要开展的工作主要包括两个方面，一方面是声传播的 Green 函数，另一方面是海底散射项。距离相关地形的混响模型研究方面有不少工作，如现有混响模型中的绝热简正波模型[2]、能流模型[3]、射线模型[4]等，这些模型都是利用经验海底散射函数。还有一些是基于物理的全波动混响模型，如简正波模型[5, 6]、PE 混响模型[7, 8]、有限元混响模型[9]等。为了计算混响，双向传播声场，可以利用抛物近似或者有限元来计算。在缓变地形上叠加的小尺度粗糙界面散射可以利用蒙特卡罗方法给出。

5.1　倾斜海底低频混响模型

本节不考虑不同方位角声场中声波能量的耦合，利用 $N \times 2D$（N 个不同方位二维声场近似表示三维声场）的方法给出倾斜海底三维混响声场的近似计算方法，海底散射仍然利用平坦海底的粗糙界面散射函数，传播声场利用 PE 声场的简正波谱。

5.1.1　平坦海底混响强度

第 3 章介绍了浅海全波动混响模型。如图 5-1 所示的海洋环境中，海底粗糙界面全波动混响模型为[10]

$$I_R(R_0, R; t) = E_0 \left(\frac{2\pi}{k_0 r_c} \right)^2 (\pi r_c c_0) \sum_{m=1}^{M} \sum_{n=1}^{M} \phi_m^2(z_0) \phi_n^2(z) \exp(-2(\beta_m + \beta_n) r_c) \Theta_{mn}^R \quad （5-1）$$

式中，$E_0 = \int_0^{\tau_0} s^2(t) \mathrm{d}t$ 为初始发射信号的能量；M 为波导中有限的简正波号数；k_0 为水中的波数；r_c 为 t 时刻对混响有贡献区域的中心距离；ϕ 为简正波本征函数；

β为简正波的衰减系数；海底反向散射矩阵为

$$\Theta_{mn}^{R} = \sigma_{\eta}^{2} P^{\eta}(2k_{0})\left(S_{mn}^{R}\right)^{2} \tag{5-2}$$

其中，σ_{η}为粗糙界面起伏均方根值；P^{η}为粗糙界面η的粗糙度谱；S_{mn}^{R}为粗糙界面散射核函数。

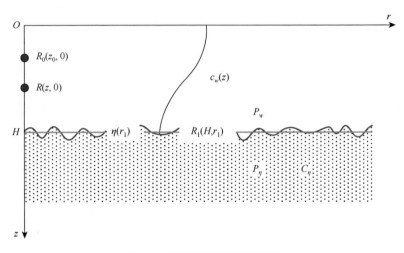

图 5-1　平坦海底混响产生场景

5.1.2　非平坦波导混响强度衰减

理论上，非平坦波导的混响可以利用数值计算方法严格给出，但是计算量大。因此，一些合理的假设可以使得模型计算速度加快，但是不破坏其精度要求。对于倾斜海底低频混响模型，这里做如下假设：

（1）海底粗糙界面是产生混响的主要因素，海底粗糙界面由小尺度的粗糙界面叠加在大尺度的粗糙界面上，小尺度粗糙界面是反向散射声场的主要贡献源。

（2）在有限的区域内，海底散射不考虑水平地形的变化，如图 5-2 所示。

（3）海洋环境参数包括地声参数和声速剖面，除了海深之外，不随水平距离变化。

因此，混响模型的水平环境变化主要体现在声传播 Green 函数上，这里水平变化的声场利用 PE 方法计算，然后利用 PE 声场的简正波谱（MOSPEF-model spectrum of PE field）方法[11]获得模型中简正波相关的项。因此，距离相关的影响因素利用抛物方程近似方法完成，在局部散射区域，将 PE 声场分解成简正波声场，沿用小瑞利参数下的粗糙界面散射微扰近似方法[12]，即可获得距离相关的混响声场。

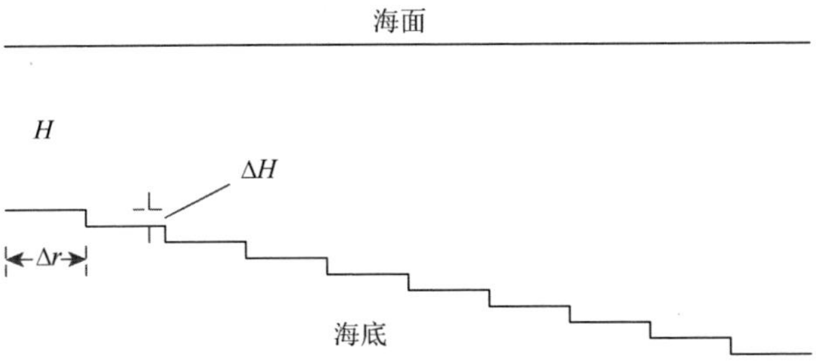

海面

图 5-2　二维距离相关波导

水平距离的二维波导的声场可以写为简正波叠加的形式：

$$p(r,z) = \sum_{m=1} \frac{1}{\sqrt{r}} P_m(r) Z_m(z;r) \tag{5-3}$$

式中，Z_m 为 Sturm-Liouville 方程的简正波解：

$$\begin{cases} \left(\partial_{zz}^2 + k^2(r,z)\right) Z_m = k_m^2(r) Z_m \\ \partial_z Z_m \big|_{z=\bar{H}} = Z_m \big|_{z=0} = 0 \end{cases} \tag{5-4}$$

$\bar{H}$ 为分层海底的有效深度[13]。

简正波声场的幅度 $P_m(r)$ 由耦合方程决定[11]，当简正波号数较多时，计算量很大，计算速度也很慢，因此这里利用 PE 方法获得声场的全波动近似解，然后利用简正波 $Z_m(z,r)$ 的正交性，获得简正波的幅度。

PE 声场 $p_{PE}(z,r)$ 可以写为

$$p_{PE}(r,z;\omega) = \psi_{PE}(r,z;\omega) e^{ik_0 r} \tag{5-5}$$

式中，k_0 为参考波数；ψ_{PE} 由下列方程控制：

$$2ik_0 \frac{\partial \psi_{PE}}{\partial r} + \frac{\partial^2 \psi_{PE}}{\partial z^2} + k_0^2 \left(n^2(r,z) - 1\right) \psi_{PE} = 0 \tag{5-6}$$

利用通用的 PE 声场计算程序，如 RAM（range-dependent acoustic model）、UMPE（University of Miami PE model）、MMPE（Monterey-Miami PE model）等，很容易计算获得声压场，简正波的幅度可以利用简正波的正交性获得

$$P_m(r) = \int p_{PE}(r,z) Z_m(z;r) dz \tag{5-7}$$

称为 PE 声场的简正波谱。

因此，距离相关的混响声场就可以写为

$$u_{1r}(z,r;\omega) = \frac{1}{r} \sum_{m=1}^{M(r)} \sum_{n=1}^{M(r)} P_m(z_0,r;\omega) S_{mn}^R K^R(k_m,k_n) P_n(z,r;\omega) \tag{5-8}$$

信号频谱为 $s(\omega)$ 的初始信号，其产生的混响信号可以写为

$$u_{1r}(z,r;t) = \int d\omega \left(s(\omega) u_{1r}(z,r;\omega) \exp(i\omega t) \right) \tag{5-9}$$

将式（5-8）代入式（5-9），可得

$$u_{1r}(z,r_c;t) = \frac{1}{r_c}\sum_{m=1}^{M(r_c)}\sum_{n=1}^{M(r_c)} s(t-t_{mn})P_m(z,r_c;\omega)S_{mn}^R K^R(k_m,k_n)P_n(z,r_c;\omega)$$

$$\approx \frac{s(t-t_c)}{r_c}\sum_{m=1}^{M(r_c)}\sum_{n=1}^{M(r_c)} P_m(z,r_c;\omega)S_{mn}^R K^R(k_m,k_n)P_n(z,r_c;\omega) \quad (5\text{-}10)$$

取混响信号的简正波非相干叠加结果，可以获得混响强度 $\left\langle |u_{1r}(z,r;t)|_{\text{inc}}^2 \right\rangle \sim I_{\text{RD}}(z,r;t)$，假设散射面积是一个圆环，其面积为 $A = 2\pi r_c \Delta r$，$\Delta r \approx c_0 \tau_0 / 2$，其中 τ_0 为初始信号 $s(t)$ 的脉冲长度，因此倾斜海底的混响声场平均强度可以写为

$$I_{\text{RD}}(r) = \frac{E_0 \pi c_0}{r_c}\sum_{m=1}^{M(r_c)}\sum_{n=1}^{M(r_c)} |P_m(z,r_c)|^2\, \Theta_{mn}^R(r_c)\, |P_n(z,r_c)|^2 \quad (5\text{-}11)$$

S_{mn}^R、K^R 和 Θ_{mn}^R 参考第 3 章。$E_0 = \int_0^{\tau_0} s^2(t)\mathrm{d}t$ 是初始信号的能量，P_m 由式（5-7）获得，$M(r)$ 是波导不同距离上的有效简正波号数。

5.1.3　斜坡海域混响仿真

1. 平坦海底的情况

首先将本章提出的方法与传统的全波动混响计算方法进行对比，然后用来计算距离相关的波导混响强度。

在仿真研究中，环境参数如图 5-3 所示。理想 Pekeris 波导的深度为 $H = 50\text{m}$，水中声速为 $c_0 = 1500\text{m/s}$，海底介质声速为 $c_b = 1623\text{m/s}$，水中介质密度为 1g/cm^3，海底沉积层中介质密度为 $\rho_b = 1.77\text{g/cm}^3$，水中衰减系数为 $0\text{dB}/\lambda$，海底衰减系数为 $\alpha_b = 0.23\text{dB}/\lambda$。对于粗糙界面，利用 Goff-Jordan 谱[14]，假设粗糙界面均方根高度为 $\sigma = 0.1\text{m}$，粗糙界面相关长度为 $L = 10\text{m}$，声源深度为 40m，接收深度也为 40m。声源中心频率考虑 $f = 100\text{Hz}$ 和 $f = 300\text{Hz}$。

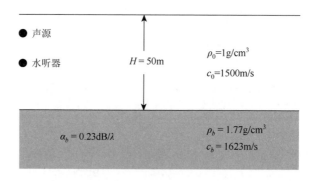

图 5-3　理想 Pekeris 波导

由图 5-4 和图 5-5 可以看出，该混响计算方法可以应用于平坦海底的混响计算，另外在低频段，混响声场具有很好的相干性，随着频率的升高，相干起伏变得越来越小。

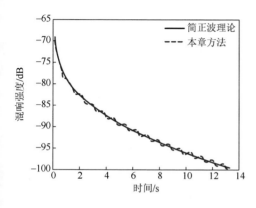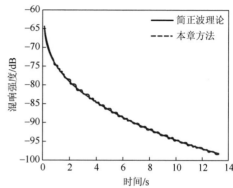

图 5-4　混响模型计算结果对比（$f = 100$Hz）　　图 5-5　混响模型计算结果对比（$f = 300$Hz）

2. 窄方位角距离相关算例

仿真环境如图 5-6 所示，在起始点海深是 50m，在 10km 处海深为 100m，方位角为 0°，水中声速为 $c_0 = 1500$m/s，海底声速为 $c_b = 1623$m/s，海底密度为 $\rho_b = 1.77$g/cm^3，海底衰减系数为 $\alpha_b = 0.23$dB/λ，粗糙界面均方根高度为 0.1m，粗糙界面相关长度为 10m，声源和接收深度都是 40m。

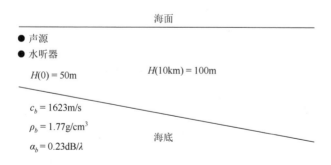

图 5-6　倾斜海底波导

分别计算 $f = 500$Hz 时距离无关与距离相关的例子，如图 5-7 所示。可以发现混响能量随着海深的增加而减小。

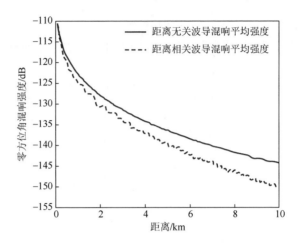

图 5-7　距离无关与距离相关波导混响强度对比

3. $N \times 2D$ 距离相关算例

在实际的海洋环境中，海底地形三维变化非常普遍，这里利用 $N \times 2D$ 的方法近似计算倾斜海底三维海洋混响强度。

图 5-8 中，θ 为海底倾斜角，φ 为方位角，并令 H 为中心点 O 的海深，h 为(r, θ, φ)处的海深，可以得出

$$h = H - r\tan\theta + r\sqrt{\frac{(1-\cos\varphi)^2}{\cos^2\theta} + \sin^2\varphi - 2(1-\cos\varphi)} \qquad （5-12）$$

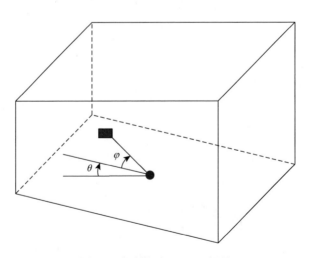

图 5-8　倾斜海底 $N \times 2D$ 场景

1）算例 1

在这个算例中，倾斜海底中心位置海深 $H = 100\text{m}$，声源和接收水听器接收深度都是 20m，均位于中心位置，海水声速为 $c_0 = 1500\text{m/s}$，沉积层声速 $c_b = 1623\text{m/s}$，海水和海底的密度分别是 1g/cm^3 和 1.77g/cm^3，水中衰减系数为 $0\text{dB/}\lambda$，海底衰减系数为 $\alpha_b = 0.23\text{dB/}\lambda$，海底倾斜角为 0.2°，粗糙界面均方根高度为 $\sigma = 0.1\text{m}$，粗糙界面相关长度为 $L = 10\text{m}$。

图 5-9 显示了海底倾斜角为 0.2°，与中心位置距离 10km 不同方位角上的深度。在仿真中，假设指向浅海的方向方位角 $\varphi = 0°$，指向深海的方向方位角 $\varphi = 180°$，中心频率为 150Hz。

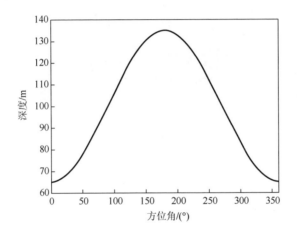

图 5-9　与中心点 10km 距离处各方位角上的深度

不同方位角上的混响强度如图 5-10 和图 5-11 所示。

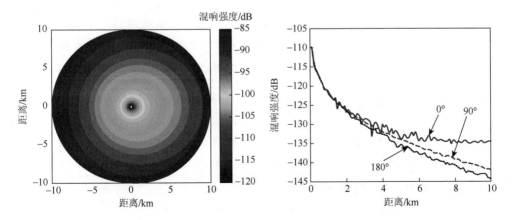

图 5-10　倾斜海底混响强度随方位角的变化　　　图 5-11　不同方位角上混响强度的比较

2）算例 2

在这个算例中，中心点海深为 $H = 200\text{m}$，声源和接收水听器深度都为 50m，海底倾斜角为 1.5°，其他参数都与算例 1 相同，中心频率仍然是 150Hz。

混响强度随方位角和距离的关系如图 5-12 所示。

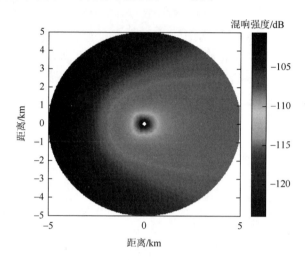

图 5-12　倾斜角为 1.5°时混响强度随方位角和距离的变化

由图 5-10～图 5-12 可以发现，该混响模型可以计算不同情况下倾斜海底的混响强度，预报的混响强度和实际物理观测现象一致。

5.2　倾斜海底高频近程混响模型

混响过程主要包括声传播过程与声散射过程，因为浅海混响一般情况下主要由海底散射引起，所以对比较平静的海面或负梯度海水声速剖面，在估算混响强度时往往只需考虑海底散射而忽略海面散射和体积散射的影响[15]。故本节对浅海近程混响的研究采用射线理论并且只考虑海底散射的作用。

5.2.1　倾斜海底浅海混响强度理论

为了简化理论推导的复杂性，忽略了一些次要因素而考虑了下列情况[16]：

（1）声线传播时，除球面衰减，其他衰减不计。

（2）海底介质的散射特性是统计均匀的。

（3）仅考虑海底一次散射与海面反射而忽略二次反射与二次散射。

（4）海底散射与海面反射都是瞬时的。

1. 模型的建立

设一浅海海域：海面相对平静、海底倾斜、海水介质均匀且有负声速梯度；考虑发射换能器（声源）与接收水听器收发合置的情况。

假设海底倾斜角为 β，负声速梯度为 a，海面反射系数为 m，海底散射模型为 $\sigma \sin^n \alpha$（其中，σ 为海底散射系数、α 为声线海底掠射角、n 反映海底的散射情况）。由于不考虑复杂的多途效应，故本节只考虑四条对混响起主要贡献的声线[17]，它们的传播顺序分别为：①声源—海底—水听器；②声源—海底—海面—水听器；③声源—海面—海底—水听器；④声源—海面—海底—海面—水听器。模型与声线如图 5-13 所示。

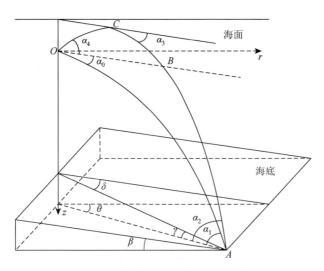

图 5-13　收发合置混响模型与声线

2. 混响强度表达式的推导

1）声源—海底—水听器

海底倾斜角为 β，与正方向（图 5-13）成 θ 角的声线，其在海底投影的倾斜角（与水平面所成的角）γ 为

$$\tan \gamma = \tan \beta \cos \theta \tag{5-13}$$

根据射线理论，声线 OA 满足如下方程：

$$\left(r - \frac{\tan \alpha_0}{a} \right)^2 + \left(z + \frac{1}{a} \right)^2 = \left(\frac{1}{a \cos \alpha_0} \right)^2 \tag{5-14}$$

式中，α_0 为声线初始掠射角。

声线过点 $(r, H+x)$，其中

$$x = r \tan \gamma \qquad (5\text{-}15)$$

r 为 O 点到 A 点的水平距离；H 为声源到海底的垂直距离。

代入式（5-14）化简得声线初始掠射角为

$$\alpha_0 = \arctan\left(\frac{ar}{2} - \frac{1}{2ar} + \frac{a}{2r}\left(H + x + \frac{1}{a} \right)^2 \right) \qquad (5\text{-}16)$$

根据 Snell 定律可确定海底水平掠射角 α_1：

$$\alpha_1 = \arccos\big((1 + aH + ax)\cos\alpha_0 \big) \qquad (5\text{-}17)$$

所以倾斜海底掠射角为 $\alpha_1 - \gamma$。

声线从发射点 O 到海底 A 点所需时间 t 为

$$t = \frac{1}{c_0 a} \int_{\alpha_0}^{\alpha_1} \frac{\mathrm{d}\alpha}{\cos\alpha} \qquad (5\text{-}18)$$

式中，c_0 为声源处的声速。

故声源发射时刻起到水听器接收声波时刻的时间间隔为 $2t$。

由式（5-18）得水平距离表达式 $r(\theta) = f(t)$，即

$$r = r(t, \theta) \qquad (5\text{-}19)$$

如图 5-13 所示，设海底倾斜面上与方位角 θ 对应的角为 δ，$\tan\delta = \cos\beta \tan\theta$，则 $\mathrm{d}\delta = \dfrac{\cos\beta}{\cos^2\theta + \cos^2\beta \sin^2\theta}\mathrm{d}\theta$。

混响积分微元可以写为

$$\mathrm{d}S_1 = \frac{c\tau/2}{\cos(\alpha_1 - \gamma)} \frac{r}{\cos\gamma} \mathrm{d}\delta \qquad (5\text{-}20)$$

假设海底散射函数为 $\sigma\sin^n(\alpha_1 - \gamma)$，则接收点的混响强度 I_1 为

$$I_1 = \int \frac{I_0 \cos\alpha_0 \sin(\alpha_1 - \gamma)}{r\left(\dfrac{\partial r}{\partial \alpha_0} \right)\sin\alpha_1} \sigma\sin^n(\alpha_1 - \gamma) \frac{\cos\alpha_1}{r\left(\dfrac{\partial r}{\partial \alpha_1} \right)\sin\alpha_0} \mathrm{d}S_1 \qquad (5\text{-}21)$$

2）声源—海底—海面—水听器

如图 5-13 所示，声线从海底 A 点散射到海面 C 点的声线方程为

$$\left(r - r_1 - \frac{\tan\alpha_3}{a} \right)^2 + \left(z + \frac{1}{a} + H_1 \right)^2 = \left(\frac{1}{a\cos\alpha_3} \right)^2 \qquad (5\text{-}22)$$

声线过 $A(r, H+x)$、$B(2r_1, 0)$ 两点。式中，r_1 为 O 点到 C 点的水平距离；H_1 为声源到海面的垂直距离。

将两点代入式（5-22）化简得声线 CA 在海面 C 点的掠射角为

$$\alpha_3 = \arctan\left(\frac{ar}{4} + \frac{a}{4r}\left(H_1 + \frac{1}{a}\right)^2 + \frac{a}{4r}\left(H + x + H_1 + \frac{1}{a}\right)^2\right.$$

$$\left. + \frac{a}{2r}\left(H_1 + \frac{1}{a} + \frac{H + x}{2}\right)^2 - \frac{1}{ar}\right) \tag{5-23}$$

$$r_1 = \sqrt{\left(\frac{1}{a\cos\alpha_3}\right)^2 - \left(\frac{1}{a} + H_1\right)^2} + \frac{\tan\alpha_3}{a} \tag{5-24}$$

根据 Snell 定律得声线 OC 在 O 点的掠射角为

$$\alpha_4 = \arccos\left(\frac{\cos\alpha_3}{1 - aH_1}\right) \tag{5-25}$$

声线 CA 在 A 点的掠射角为

$$\alpha_2 = \arccos\left(\frac{1 + aH + ax}{1 - aH_1}\cos\alpha_3\right) \tag{5-26}$$

则从声源发射起到水听器接收到声波的时间为

$$t = \frac{1}{c_0 a}\int_{\alpha_0}^{\alpha_1}\frac{\mathrm{d}\alpha}{\cos\alpha} + \frac{1}{c_3 a}\int_{\alpha_3}^{\alpha_2}\frac{\mathrm{d}\alpha}{\cos\alpha} + \frac{1}{c_3 a}\int_{\alpha_3}^{\alpha_4}\frac{\mathrm{d}\alpha}{\cos\alpha} \tag{5-27}$$

式中，海面声速 $c_3 = c_0(1 - aH_1)$。

由式（5-27）可得 $r(\theta) = f(t)$，即水平距离是时间和掠射角的函数 $r = r(t, \theta)$。

混响积分微元为

$$\mathrm{d}S_2 = \frac{c\tau r}{\left(\cos(\alpha_1 - \gamma) + \cos(\alpha_2 - \gamma)\right)\cos\gamma}\mathrm{d}\delta \tag{5-28}$$

则水听器接收到的混响声强 I_2 为

$$I_2 = \int\frac{I_0\cos\alpha_0\sin(\alpha_1 - \gamma)}{r\left(\dfrac{\partial r}{\partial\alpha_0}\right)\sin\alpha_1}\sigma\sin^n(\alpha_2 - \gamma)\frac{m\cos\alpha_2}{r\left(\dfrac{\partial r}{\partial\alpha_2}\right)\sin\alpha_4}\mathrm{d}S_2 \tag{5-29}$$

式中，m 为海面反射系数。

3）声源—海面—海底—水听器

类似前面可得声源 O 点到海底 A 点的水平距离 r。则海底混响散射微元写为

$$\mathrm{d}S_3 = \frac{c\tau r}{\left(\cos(\alpha_1 - \gamma) + \cos(\alpha_2 - \gamma)\right)\cos\gamma}\mathrm{d}\delta \tag{5-30}$$

则水听器接收到的混响声强 I_3 为

$$I_3 = \int\frac{mI_0\cos\alpha_4\sin(\alpha_2 - \gamma)}{r\left(\dfrac{\partial r}{\partial\alpha_4}\right)\sin\alpha_2}\sigma\sin^n(\alpha_1 - \gamma)\frac{\cos\alpha_1}{r\left(\dfrac{\partial r}{\partial\alpha_1}\right)\sin\alpha_0}\mathrm{d}S_3 \tag{5-31}$$

4）声源—海面—海底—海面—水听器

从声源发射起到海底所需的时间为

$$t = \frac{1}{c_3 a}\int_{\alpha_3}^{\alpha_2}\frac{\mathrm{d}\alpha}{\cos\alpha} + \frac{1}{c_3 a}\int_{\alpha_3}^{\alpha_4}\frac{\mathrm{d}\alpha}{\cos\alpha} \qquad (5\text{-}32)$$

故声源发射时刻起到水听器接收声波时刻的时间间隔为 $2t$。

由式（5-32）可得声源 O 点到海底 A 点的水平距离 r。海底混响散射微元为

$$\mathrm{d}S_4 = \frac{c\tau/2}{\cos(\alpha_2 - \gamma)}\frac{r}{\cos\gamma}\mathrm{d}\delta \qquad (5\text{-}33)$$

则水听器接收到的混响声强 I_4 为

$$I_4 = \int \frac{mI_0\cos\alpha_4\sin(\alpha_2 - \gamma)}{r\left(\dfrac{\partial r}{\partial \alpha_4}\right)\sin\alpha_2}\sigma\sin^n(\alpha_2 - \gamma)\frac{m\cos\alpha_2}{r\left(\dfrac{\partial r}{\partial \alpha_2}\right)\sin\alpha_4}\mathrm{d}S_4 \qquad (5\text{-}34)$$

所以某一时刻 t 水听器接收到的混响强度为

$$I(t) = \sum I_i(t) \approx I_1(t) + I_2(t) + I_3(t) + I_4(t) \qquad (5\text{-}35)$$

3. 本计算方法的有效距离

考虑到射线声学计算混响强度的局限性，这里给出本计算方法所能计算的最大距离以保证精度：

$$R_{\max} = \left|\frac{1}{a}\right|(\sin\alpha_2 + \sin\alpha_4) \qquad (5\text{-}36)$$

5.2.2　数值分析

假设海面平静，声源向深水区发射。数值计算过程中假设参数如下：发射换能器单位立体角内的声功率 $I_0 = 1000\mathrm{W/m^2}$，声源深度的声速 $c_0 = 1500\mathrm{m/s}$，声源到海底的垂直距离 $H = 40\mathrm{m}$，声源到海面的垂直距离 $H_1 = 10\mathrm{m}$，海底散射系数 $\sigma = 0.1$，海面反射系数 $m = 0.9$，发射声脉冲宽度 $\tau = 0.004\mathrm{ms}$。

1. 海底倾斜角 β 不同时混响强度曲线分析

图 5-14 为声速梯度相对较小即 $a = -0.0001$、海底倾斜角 β 分别为 0°、2°、5°、8°、11°、15°时不同海洋混响强度曲线，图中海底倾斜角 β 越大，混响强度曲线开头越小、结尾越大，即平均斜率绝对值越小。它们的平均斜率可见表 5-1。

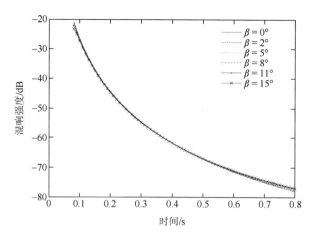

图 5-14　不同海底倾斜角的混响强度曲线 1

表 5-1　不同海底倾斜角对应的混响强度曲线平均斜率 1

$\beta/(°)$	斜率 k	$\beta/(°)$	斜率 k
0	−4.92	8	−4.84
2	−4.89	11	−4.82
5	−4.86	15	−4.79

图 5-15 为声速梯度相对较大即 $a=-0.001$，海底倾斜角 β 分别为 0°、2°、5°、8°、11°、15°时的不同混响强度曲线，图中 β 越大，曲线开头越小、结尾越大，即斜率绝对值越小。它们的平均斜率可见表 5-2。

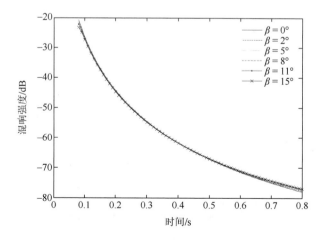

图 5-15　不同海底倾斜角的混响强度曲线 2

表 5-2　不同海底倾斜角对应的混响强度曲线平均斜率 2

$\beta/(°)$	斜率 k	$\beta/(°)$	斜率 k
0	−4.56	8	−4.24
2	−4.46	11	−4.15
5	−4.34	15	−4.01

由图 5-14 和图 5-15 可知：负声速梯度情况下，海底倾斜角越大，混响强度随时间变化越慢。声速梯度较小即 $a=-0.0001$ 时，海底倾斜角 β 从 0° 变化到 15°，其混响强度曲线的斜率变化 $\Delta k=0.13$；声速梯度较大即 $a=-0.001$ 时，海底倾斜角 β 从 0° 变化到 15°，其混响强度曲线的斜率变化 $\Delta k=0.55$。

这是因为浅海近程混响过程主要包括声传播与海底散射两个部分，在声传播能量衰减相似的情况下，海底散射的能量衰减将会是影响浅海近程混响强度的主要因素。同一根声线，由于海底倾斜角有所差异，声线传播路程近似相等，所以其声传播能量衰减也近似相等。此时海底倾斜角越大，声线传播时间越长，发生散射也就越晚，其产生的混响强度变化也就会越慢。

但是由上述分析可以看出：虽然海洋混响强度曲线的斜率随海底倾斜角的变化而变化，但其变化很小，实际实验中是很难验证的。所以在实际实验中，海底倾斜角不大的情况下，可将海底倾斜角作为 0° 来处理。

2. 散射方向性指数 n 不同时混响强度曲线分析

图 5-16 中，$n=0$ 对应最上面的一根混响强度曲线，$n=1$ 对应中间的一根曲线，$n=2$ 对应最下面的一根曲线，它们各自的平均斜率见表 5-3。

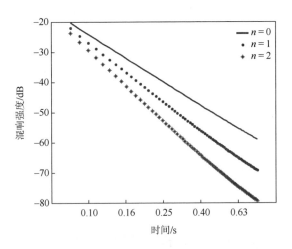

图 5-16　散射方向性指数不同时的混响强度曲线

表 5-3　不同散射方向性指数对应的混响强度曲线平均斜率

方向性指数 n	斜率 k
0	−3.93
1	−4.86
2	−5.78

由图 5-16 可知，海底散射方向性指数 n 越大，其海洋混响强度越小，曲线斜率绝对值越大，混响强度随时间衰减的速度越快。

海底是一种有效的反射和散射体，它能将投射到海底的声音重新分配到海底上面的海洋中。而这种重新分配是复杂多变的，本节选取一种简单的海底散射模型 $\sigma \sin^n \alpha$，其中，σ 为散射系数，α 为海底掠射角。由海底散射模型即图 5-17 可知，n 越大，散射强度集中区域越小，所以 n 的选取可反映海底散射的情况，也因此反向散射声能也就越小，混响强度越小，衰减也越快。

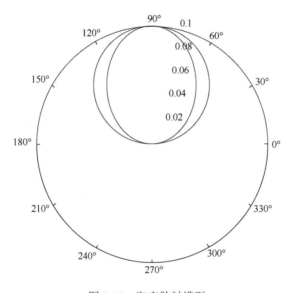

图 5-17　海底散射模型

由以上分析可知，海底散射模型的选取对海洋混响强度预报的准确性是极其重要的。

3. 不同水文环境时混响强度曲线分析

图 5-18 中，最上面一根混响强度曲线对应于 $a = 0.0001$，中间一根曲线对应于 $a = -0.0001$，最下面一根曲线对应于 $a = 0$。它们的平均斜率对应于表 5-4。

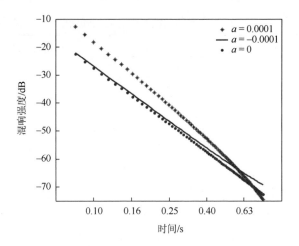

图 5-18　不同水文环境时混响强度曲线比较

表 5-4　不同水文环境对应的混响强度曲线平均斜率 1

声速梯度 a	平均斜率 k
0.0001	−5.80
0	−4.98
−0.0001	−4.86

　　图 5-19 中，最上面一根海洋混响强度曲线对应于 $a = -0.001$，中间一根曲线对应于 $a = -0.0005$，最下面一根曲线对应于 $a = -0.0001$。它们的平均斜率见表 5-5。

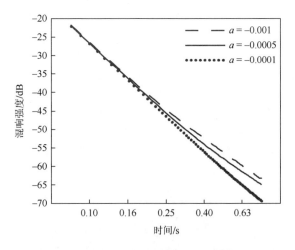

图 5-19　不同负声速梯度时的混响强度曲线

表 5-5　不同水文环境对应的混响强度曲线平均斜率 2

声速梯度 a	平均斜率 k
−0.001	−4.30
−0.0005	−4.52
−0.0001	−4.86

由图 5-18 和图 5-19 可知：声速梯度越大，其混响强度曲线平均斜率绝对值越大，即混响强度随时间变化越快。

由 Snell 定律和本节所选取的散射模型可知，声速梯度越大，海底掠射角越小，反向散射强度也就越小，返回的声能越少，因而混响强度衰减越快。

5.2.3　湖上混响实验描述

实验在湖上进行。发射换能器阵列与水听器阵列收发合置，实验船靠岸，发射阵列向湖深处发射，信号为连续波脉冲。实验设备布放如图 5-20 所示。

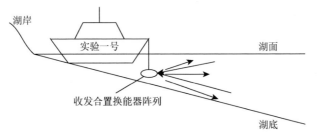

图 5-20　实验设备布放示意图

实验过程中，声速的测量一直伴随着实验进行，所以测得了大量松花湖声速分布数据，图 5-21 是其中一组典型的数据。

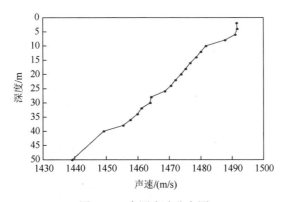

图 5-21　实测声速分布图

由图 5-21 可知湖水声速梯度 $a = -0.00067$ 。

松花湖地形也是实验必须测量的一项。地形的测量是在小船上进行的，测量中，一边用测深仪记录当地的水深，一边用全球定位系统记录当地的经纬度。分析了大量数据后，选取了其中较为典型的一组数据，如图 5-22 所示。

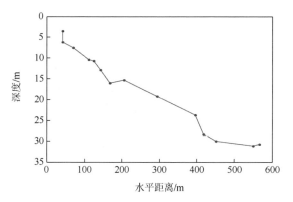

图 5-22　松花湖二维地形图

由图 5-22 可知湖底倾斜角 $\beta = 2.9°$ 。

5.2.4　实验数据处理

图 5-23 是混响信号的瞬时能量图［由式（5-37）决定］，它反映了实际测量混响信号的强度随时间的变化。

$$I(t) = 10\lg\left(p^2(t)\right) \tag{5-37}$$

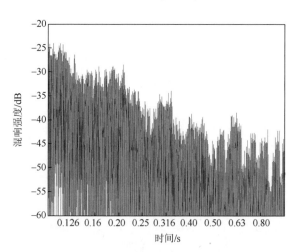

图 5-23　混响信号瞬时能量图

图 5-24 是混响信号的时间平均强度曲线［由式（5-38）决定］与理论计算曲线的比较，其中虚线为理论计算曲线，无规则曲线是混响信号的时间平均强度曲线。由图可以看出，实际测量曲线与理论计算曲线吻合得很好。

$$I = 10\lg\left(\frac{1}{N}\sum_{i=1}^{N}p^2(i)\right) \qquad (5\text{-}38)$$

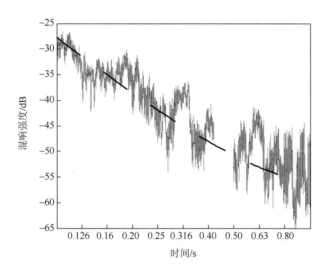

图 5-24　混响时间平均强度曲线与理论计算曲线的比较

对于收发合置浅海近程混响，在负声速梯度情况下，海底倾斜角越大，混响强度随时间衰减越慢。但是在海底倾斜角不大且没有剧烈变化的情况下，海底倾斜角的变化对混响强度变化的影响并不大，因此该情况下可以把倾斜海底视为平坦海底。

海底散射方向性指数 n 越大，其海洋混响强度越小，曲线斜率绝对值越大，混响强度随时间衰减的速度越快。而且 n 值对混响强度的影响很大，所以海底散射模型的选取对海洋混响强度预报的准确性是极其重要的。

声速梯度越大，其混响强度曲线平均斜率绝对值越大，即混响强度随时间变化越快。

5.3　跃变层上下收发合置的混响强度衰减

静压力中的声波是一种弹性纵波。根据迄今公认的最准确的 Wilson 声速经验公式[18]，海水中温度、盐度和静压力中每一个量的变化都会引起声速的变化。在典型浅海，经常出现海水温度急剧下降的情况，而且下降层的厚度较薄，温度的下降使声速在较短的海水厚度中显著减小，这就是声速负跃层。

　　毫无疑问，跃变层将会对海洋混响产生一定的影响。本节的主要内容就是讨论发射换能器与接收水听器收发合置时，跃变层对水听器接收混响的影响；并讨论水听器在跃变层上方与在跃变层下方两种情况。

5.3.1　跃变层上方收发合置的混响强度衰减

　　如图 5-25 和图 5-26 所示，建立如下模型：浅海海域，海面相对平静、海底倾斜、海水某一深度有一声速跃变层，跃变层上下皆具有负声速梯度（图 5-25）；考虑发射换能器（声源）与接收水听器收发合置且在跃变层上方的情况。

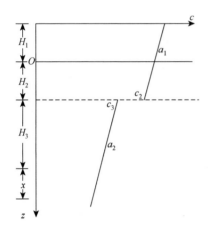
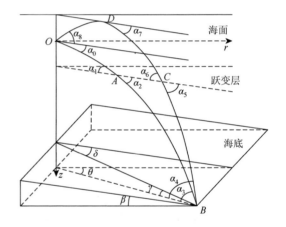

图 5-25　跃变层上方收发合置声速分布图　　　　图 5-26　跃变层上方收发合置模型与声线

　　如图 5-26 所示，假设海底倾斜角为 β，跃变层上声速梯度为 a_1，跃变层下声速梯度为 a_2，海面反射系数为 m，海底散射模型为 $\sigma \sin^n \alpha$（其中，σ 为海底散射系数，α 为声线海底掠射角，n 反映海底的散射情况），跃变层上下声速分别为 c_2 和 c_3。

　　与第 3 章类似，仍考虑对混响产生主要贡献的四条声线。

1. 声源—海底—水听器

　　海底倾斜角为 β，则与正方向（图 5-26）成 θ 角的声线，其在海底投影的倾斜角（与水平面所成的角）为 γ：

$$\gamma = \arctan(\tan \beta \cos \theta) \tag{5-39}$$

θ 角在海底平面上的投影角为

$$\delta = \arctan(\tan\theta\cos\beta) \tag{5-40}$$

根据射线理论，声线 OA 应满足方程：

$$\left(r - \frac{\tan\alpha_0}{a_1}\right)^2 + \left(z + \frac{1}{a_1}\right)^2 = \left(\frac{1}{a_1\cos\alpha_0}\right)^2 \tag{5-41}$$

声线过点 $A(r_1, H_2)$，其中，r_1 为 O 点到 A 点的水平距离，H_2 为声源到跃变层的垂直距离。

代入化简得声线 OA 在 O 点的掠射角为

$$\alpha_0 = \arctan\left(\frac{a_1 r_1}{2} - \frac{1}{2a_1 r_1} + \frac{a_1}{2r_1}\left(H_2 + \frac{1}{a_1}\right)^2\right) \tag{5-42}$$

由 Snell 定律得声线 OA 在 A 点的掠射角为

$$\alpha_1 = \arccos\left(\frac{\cos\alpha_0}{1 - a_1 H_2}\right) \tag{5-43}$$

声线 AB 在 A 点的掠射角为

$$\alpha_2 = \arccos\left(\frac{c_3\cos\alpha_0}{c_2(1 - a_1 H_2)}\right) \tag{5-44}$$

式中，c_2、c_3 为已知常数。

声线 AB 满足方程：

$$\left(r - r_1 - \frac{\tan\alpha_2}{a_2}\right)^2 + \left(z - H_2 + \frac{1}{a_2}\right)^2 = \left(\frac{1}{a_2\cos\alpha_2}\right)^2 \tag{5-45}$$

B 点坐标为 $(r_1 + r_2, H_2 + H_3 + x)$，其中

$$x = (r_1 + r_2)\tan\gamma \tag{5-46}$$

r_2 为声线从 A 点到 B 点的水平距离；H_3 为声源所在垂直方向上跃变层到海底的距离。

将 B 点代入式（5-45），化简得

$$r_2 = \frac{\dfrac{\tan\alpha_2}{a_2} - M\tan\gamma \pm \sqrt{\left(M\tan\gamma - \dfrac{\tan\alpha_2}{a_2}\right)^2 - (1 + \tan^2\gamma)\left(M^2 - \dfrac{1}{a_2^2}\right)}}{1 + \tan^2\gamma} \tag{5-47}$$

式中，$M = H_3 + \dfrac{1}{a_2} + r_1\tan\gamma$。

因为水平距离应取正值，所以根号前面应该取正号。

声线 AB 在 B 点的水平掠射角为

$$\alpha_3 = \arccos\left(\frac{c_3(1 + a_2 H_3 + a_2 x)}{c_2(1 - a_1 H_2)}\cos\alpha_0\right) \tag{5-48}$$

所以射线 AB 在 B 点的倾斜海底掠射角为 $\alpha_3 - \gamma$。

声线从声源发射起到达海底 B 点所需的时间为

$$t = \frac{1}{c_0 a_1}\int_{\alpha_0}^{\alpha_1}\frac{\mathrm{d}\alpha}{\cos\alpha} + \frac{1}{c_3 a_2}\int_{\alpha_2}^{\alpha_3}\frac{\mathrm{d}\alpha}{\cos\alpha} \tag{5-49}$$

式中，c_0 为声源深度的声速。

故声源发射时刻起到水听器接收声波时刻的时间间隔为 $2t$。

由式（5-49）可解得 $r_1(\theta, t)$ 和 $r_2(\theta, t)$，海底散射微元为

$$\mathrm{d}S_1 = \frac{c\tau/2}{\cos(\alpha_3 - \gamma)}\frac{r_1 + r_2}{\cos\gamma}\mathrm{d}\delta \tag{5-50}$$

海底散射函数为

$$M = \sigma \sin^n(\alpha_3 - \gamma) \tag{5-51}$$

式中，σ 为散射系数。所以接收点的混响强度 I_1 为

$$I_1 = \int\frac{I_0 \cos\alpha_0 \sin(\alpha_3 - \gamma)}{r\left(\dfrac{\partial r}{\partial\alpha_0}\right)\sin\alpha_3}\sigma\sin^n(\alpha_3 - \gamma)\frac{\cos\alpha_3}{r\left(\dfrac{\partial r}{\partial\alpha_3}\right)\sin\alpha_0}\mathrm{d}S_1 \tag{5-52}$$

2. 声源—海底—海面—水听器

声线 DC 满足方程：

$$\left(r - r_3 - \frac{\tan\alpha_7}{a_1}\right)^2 + \left(z + \frac{1}{a_1} + H_1\right)^2 = \left(\frac{1}{a_1\cos\alpha_7}\right)^2 \tag{5-53}$$

声线过 $(2r_3, 0)$、$(r_3 + r_4, H_2)$ 两点，其中，r_3 为声线从 O 点到 D 点的水平距离，r_4 为声线从 D 点到 C 点的水平距离。则代入式（5-53）化简可得声线 DC 在 D 点的掠射角为

$$\alpha_7 = \arctan\left(\frac{a_1 r_3}{2} + \frac{a_1}{2r_3}\left(\frac{1}{a_1} + H_1\right)^2 - \frac{1}{2a_1 r_3}\right) \tag{5-54}$$

$$r_4 = \sqrt{\left(\frac{1}{a_1\cos\alpha_7}\right)^2 - \left(H_2 + \frac{1}{a_1} + H_1\right)^2} + \frac{\tan\alpha_7}{a_1} \tag{5-55}$$

声线 CB 满足方程：

$$\left(r - r_3 - r_4 - \frac{\tan\alpha_5}{a_2}\right)^2 + \left(z + \frac{1}{a_2} - H_2\right)^2 = \left(\frac{1}{a_2\cos\alpha_5}\right)^2 \tag{5-56}$$

式中，声线 CB 在 C 点的水平掠射角为

$$\alpha_5 = \arccos\left(\frac{c_3 \cos\alpha_7}{c_2[1 - a_1(H_1 + H_2)]}\right) \tag{5-57}$$

声线过 B 点$(r_3 + r_4 + r_5,\ H_2 + H_3 + x)$，其中

$$x = (r_3 + r_4 + r_5)\tan\gamma \tag{5-58}$$

r_5 为声线从 C 点到 B 点的水平距离。

代入式（5-56）化简得

$$r_5 = \frac{\dfrac{\tan\alpha_5}{a_2} - M_1\tan\gamma \pm \sqrt{\left(M_1\tan\gamma - \dfrac{\tan\alpha_5}{a_2}\right)^2 - (1 + \tan^2\gamma)\left(M_1^2 - \dfrac{1}{a_2^2}\right)}}{1 + \tan^2\gamma} \tag{5-59}$$

式中，$M_1 = H_3 + r_3\tan\gamma + r_4\tan\gamma + \dfrac{1}{a_2}$。

因为水平距离应取正值，所以根号前面应该取正号。

由 Snell 定律可知声线 DC 在 C 点的掠射角为

$$\alpha_6 = \arccos\left(\frac{\cos\alpha_7}{1 - a_1(H_1 + H_2)}\right) \tag{5-60}$$

声线 CB 在 B 点的掠射角为

$$\alpha_4 = \arccos\left(\frac{c_3[1 + a_2(H_3 + x)]\cos\alpha_7}{c_2[1 - a_1(H_1 + H_2)]}\right) \tag{5-61}$$

声线 OD 在 O 点的掠射角为

$$\alpha_8 = \arccos\left(\frac{(1 - a_1 H_2)\cos\alpha_7}{1 - a_1(H_1 + H_2)}\right) \tag{5-62}$$

则从声源发射起到水听器接收到声波的时间为

$$t = \frac{1}{c_0 a_1}\int_{\alpha_0}^{\alpha_1}\frac{\mathrm{d}\alpha}{\cos\alpha} + \frac{1}{c_3 a_2}\int_{\alpha_2}^{\alpha_3}\frac{\mathrm{d}\alpha}{\cos\alpha} + \frac{1}{c_4 a_2}\int_{\alpha_4}^{\alpha_5}\frac{\mathrm{d}\alpha}{\cos\alpha} + \frac{1}{c_2 a_1}\int_{\alpha_6}^{\alpha_7}\frac{\mathrm{d}\alpha}{\cos\alpha} + \frac{1}{c_7 a_1}\int_{\alpha_7}^{\alpha_8}\frac{\mathrm{d}\alpha}{\cos\alpha} \tag{5-63}$$

式中，c_0 为声源深处的声速；c_4 为 B 点处的声速；c_7 为 D 点处的声速。

设

$$r = r_1 + r_2 = r_3 + r_4 + r_5 \tag{5-64}$$

由式（5-63）可得从 O 点到 B 点的水平距离 $r = r(t, \theta)$，海底散射微元为

$$\mathrm{d}S_2 = \frac{c\tau r}{(\cos(\alpha_3 - \gamma) + \cos(\alpha_4 - \gamma))\cos\gamma}\mathrm{d}\delta \tag{5-65}$$

所以水听器接收到的混响声强 I_2 为

$$I_2 = \int \frac{I_0 \cos\alpha_0 \sin(\alpha_3 - \gamma)}{r\left(\dfrac{\partial r}{\partial \alpha_0}\right)\sin\alpha_3} \sigma\sin^n(\alpha_4 - \gamma) \frac{m\cos\alpha_4}{r\left(\dfrac{\partial r}{\partial \alpha_4}\right)\sin\alpha_8} \mathrm{d}S_2 \qquad (5\text{-}66)$$

式中，m 为海面反射系数。

3. 声源—海面—海底—水听器

参考前面得到从 O 点到 B 点的水平距离为

$$r = r(t, \theta) \qquad (5\text{-}67)$$

混响积分微元为

$$\mathrm{d}S_3 = \frac{c\tau r}{\left(\cos(\alpha_3 - \gamma) + \cos(\alpha_4 - \gamma)\right)\cos\gamma} \mathrm{d}\delta \qquad (5\text{-}68)$$

则水听器接收到的混响声强 I_3 为

$$I_3 = \int \frac{mI_0 \cos\alpha_8 \sin(\alpha_4 - \gamma)}{r\left(\dfrac{\partial r}{\partial \alpha_8}\right)\sin\alpha_4} \sigma\sin^n(\alpha_3 - \gamma) \frac{\cos\alpha_3}{r\left(\dfrac{\partial r}{\partial \alpha_3}\right)\sin\alpha_0} \mathrm{d}S_3 \qquad (5\text{-}69)$$

4. 声源—海面—海底—海面—水听器

从声源发射起到海底所需的时间为

$$t = \frac{1}{c_4 a_2}\int_{\alpha_4}^{\alpha_5} \frac{\mathrm{d}\alpha}{\cos\alpha} + \frac{1}{c_2 a_1}\int_{\alpha_6}^{\alpha_7} \frac{\mathrm{d}\alpha}{\cos\alpha} + \frac{1}{c_7 a_1}\int_{\alpha_7}^{\alpha_8} \frac{\mathrm{d}\alpha}{\cos\alpha} \qquad (5\text{-}70)$$

故声源发射时刻起到水听器接收声波时刻的时间间隔为 $2t$。

类似前面可得从 O 点到 B 点的水平距离为

$$r = r(t, \theta) \qquad (5\text{-}71)$$

混响积分微元为

$$\mathrm{d}S_4 = \frac{c\tau/2}{\cos(\alpha_4 - \gamma)} \frac{r}{\cos\gamma} \mathrm{d}\delta \qquad (5\text{-}72)$$

则水听器接收到的混响声强 I_4 为

$$I_4 = \int \frac{mI_0 \cos\alpha_8 \sin(\alpha_4 - \gamma)}{r\left(\dfrac{\partial r}{\partial \alpha_8}\right)\sin\alpha_4} \sigma\sin^n(\alpha_4 - \gamma) \frac{m\cos\alpha_4}{r\left(\dfrac{\partial r}{\partial \alpha_4}\right)\sin\alpha_8} \mathrm{d}S_4 \qquad (5\text{-}73)$$

所以某一时刻 t 水听器接收到总的混响强度为

$$I(t) = \sum I_i(t) \approx I_1(t) + I_2(t) + I_3(t) + I_4(t) \qquad (5\text{-}74)$$

5.3.2 跃变层下方收发合置的混响强度衰减

如图 5-27 和图 5-28 所示，类似 5.3.1 节的推导可得各掠射角为

$$\alpha_0 = \arctan\left(\frac{a_2 r}{2} - \frac{1}{2a_2 r} + \frac{a_2}{2r}\left(H_3 + r\tan\gamma + \frac{1}{a_2} \right)^2 \right) \tag{5-75}$$

式中，r 为声线从 O 点到 B 点的水平距离；H_3 为过声源垂直方向上声源到海底的距离。

$$\alpha_1 = \arccos\left(\frac{(1 + a_2 H_2 + a_2 H_3 + a_2 x)\cos\alpha_0}{1 + a_2 H_2} \right) \tag{5-76}$$

式中，H_2 为声源到跃变层的垂直距离，$x = r\tan\gamma$。

$$\alpha_7 = \arctan\left(\frac{1}{2a_2 r_1} - \frac{a_2 r_1}{2} - \frac{a_2}{2r_1}\left(\frac{1}{a_2} - H_2 \right)^2 \right) \tag{5-77}$$

式中，r_1 为声线从 O 点到 E 点的水平距离。

$$\alpha_3 = \arccos\left(\frac{\cos\alpha_7}{1 + a_2 H_2} \right) = \alpha_6 \tag{5-78}$$

$$\alpha_4 = \arccos\left(\frac{c_2 \cos\alpha_7}{c_3(1 + a_2 H_2)} \right) \tag{5-79}$$

$$\alpha_5 = \arccos\left(\frac{c_2(1 - a_1 H_1)}{c_3(1 + a_2 H_2)} \cos\alpha_7 \right) \tag{5-80}$$

式中，H_1 为跃变层到海面的垂直距离。

$$\alpha_2 = \arccos\left(\frac{1 + a_2 H_3 + a_2 r\tan\gamma}{1 + a_2 H_2} \cos\alpha_7 \right) \tag{5-81}$$

$$r_2 = r_3 = \frac{1}{a_1 \cos\alpha_5} |\sin\alpha_4 - \sin\alpha_5| \tag{5-82}$$

$$r_4 = \frac{\dfrac{\tan\alpha_5}{a_2} - M_2\tan\gamma \pm \sqrt{\left(M_2\tan\gamma - \dfrac{\tan\alpha_5}{a_2} \right)^2 - (1 + \tan^2\gamma)\left(M_2^2 - \dfrac{1}{a_2^2} \right)}}{1 + \tan^2\gamma} \tag{5-83}$$

式中，$M_2 = H_2 + H_3 + \dfrac{1}{a_2} + r_1\tan\gamma + r_2\tan\gamma + r_3\tan\gamma$；$r_2$ 为 E 点到 D 点的水平距离；r_3 为 D 点到 C 点的水平距离；r_4 为 C 点到 B 点的水平距离。

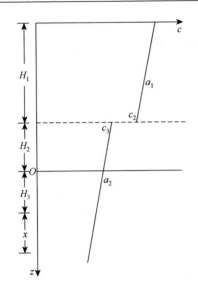

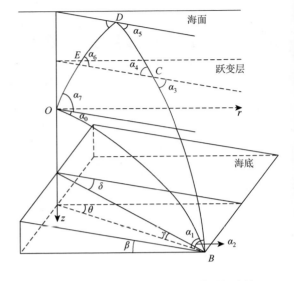

图 5-27　跃变层下方收发合置声速分布图　　　图 5-28　跃变层下方收发合置模型与声线

1. 声源—海底—水听器

对海底混响有贡献的散射微元为

$$dS_1 = \frac{c\tau/2}{\cos(\alpha_1 - \gamma)\cos\gamma} \, r \, d\delta \tag{5-84}$$

所以接收点的混响强度 I_1 为

$$I_1 = \int \frac{I_0 \cos\alpha_0 \sin(\alpha_1 - \gamma)}{r\left(\dfrac{\partial r}{\partial \alpha_0}\right)\sin\alpha_1} \sigma \sin^n(\alpha_1 - \gamma) \frac{\cos\alpha_1}{r\left(\dfrac{\partial r}{\partial \alpha_1}\right)\sin\alpha_0} \, dS_1 \tag{5-85}$$

2. 声源—海底—海面—水听器

混响积分微元为

$$dS_2 = \frac{c\tau r}{(\cos(\alpha_1 - \gamma) + \cos(\alpha_2 - \gamma))\cos\gamma} \, d\delta \tag{5-86}$$

则水听器接收到的混响声强 I_2 为

$$I_2 = \int \frac{I_0 \cos\alpha_0 \sin(\alpha_1 - \gamma)}{r\left(\dfrac{\partial r}{\partial \alpha_0}\right)\sin\alpha_1} \sigma \sin^n(\alpha_2 - \gamma) \frac{m\cos\alpha_2}{r\left(\dfrac{\partial r}{\partial \alpha_2}\right)\sin\alpha_7} \, dS_2 \tag{5-87}$$

3. 声源—海面—海底—水听器

混响积分微元为

$$dS_3 = \frac{c\tau r}{\left(\cos(\alpha_1 - \gamma) + \cos(\alpha_2 - \gamma)\right)\cos\gamma} d\delta \qquad (5\text{-}88)$$

则水听器接收到的混响声强 I_3 为

$$I_3 = \int \frac{mI_0 \cos\alpha_7 \sin(\alpha_2 - \gamma)}{r\left(\dfrac{\partial r}{\partial \alpha_7}\right)\sin\alpha_2} \sigma \sin^n(\alpha_1 - \gamma) \frac{\cos\alpha_1}{r\left(\dfrac{\partial r}{\partial \alpha_1}\right)\sin\alpha_0} dS_3 \qquad (5\text{-}89)$$

4. 声源—海面—海底—海面—水听器

海底散射微元为

$$dS_4 = \frac{c\tau/2}{\cos(\alpha_4 - \gamma)} \frac{r}{\cos\gamma} d\delta \qquad (5\text{-}90)$$

则水听器接收到的混响声强 I_4 为

$$I_4 = \int \frac{mI_0 \cos\alpha_7 \sin(\alpha_2 - \gamma)}{r\left(\dfrac{\partial r}{\partial \alpha_7}\right)\sin\alpha_2} \sigma \sin^n(\alpha_2 - \gamma) \frac{m\cos\alpha_2}{r\left(\dfrac{\partial r}{\partial \alpha_2}\right)\sin\alpha_7} dS_4 \qquad (5\text{-}91)$$

所以某一时刻 t 水听器接收到总的混响强度为

$$I(t) = \sum I_i(t) \approx I_1(t) + I_2(t) + I_3(t) + I_4(t) \qquad (5\text{-}92)$$

5.3.3　数值分析

如图 5-27 和图 5-28 所示，海深 $H = 50\mathrm{m}$，跃变层深度为 20m，紧靠跃变层上下的声速分别为 $c_2 = 1500\mathrm{m/s}$ 和 $c_3 = 1490\mathrm{m/s}$，取跃变层上下的声速梯度 a_1 与 a_2 相等，散射方向性指数 $n = 1$，海底倾斜角 $\beta = 6°$。

声源与水听器皆在跃变层上方时，声源到海面的垂直距离 $H_1 = 10\mathrm{m}$，声源到跃变层的垂直距离 $H_2 = 10\mathrm{m}$，跃变层到海底的垂直距离 $H_3 = 30\mathrm{m}$。

声源与水听器皆在跃变层下方时，跃变层到海面的垂直距离 $H_1 = 20\mathrm{m}$，跃变层到声源的垂直距离 $H_2 = 10\mathrm{m}$，声源到海底的垂直距离 $H_3 = 20\mathrm{m}$。

取声速梯度 $a = -0.0001$ 和 $a = -0.0005$ 两种情况进行分析，计算后所得结果如图 5-29 和图 5-30 所示。

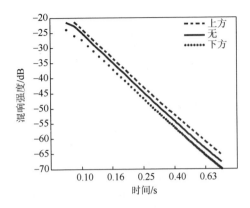

图 5-29 声源与水听器在不同位置时的比较
（ $a = -0.0001$ ）

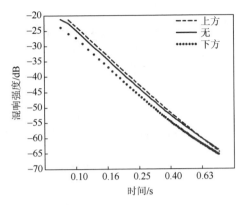

图 5-30 声源与水听器在不同位置时的比较
（ $a = -0.0005$ ）

图 5-29 是声速梯度较小即 $a = -0.0001$ 时的声线比较，图 5-30 是声速梯度较大即 $a = -0.0005$ 时的声线比较。上面两图中最上面的一根线是发射声源与接收水听器同在跃变层上方时的混响强度曲线，中间一根是无声速跃变层时混响强度曲线，最下面一根是发射声源与水听器同在声速跃变层下方时的混响强度曲线。

观察图 5-29 和图 5-30 可知：三根曲线的高低不同，但平均斜率几乎相等。即在同一声速梯度情况下，声速跃变层的存在并不影响混响强度的衰减速度，但发射声源与水听器所处位置对接收到的混响强弱有影响。发射声源与水听器在声速跃变层上方时，水听器接收到的混响强度比无声速梯度时接收到的混响强度大；发射声源与水听器在声速跃变层下方时，水听器接收到的混响强度比无声速梯度时接收到的混响强度小。

声速跃变层的存在并不影响混响强度的衰减速度，但发射声源与水听器所处位置对接收到的混响强弱有影响。发射声源与水听器在声速跃变层上方时，水听器接收到的混响强度比无声速梯度时接收到的混响强度大；发射声源与水听器在声速跃变层下方时，水听器接收到的混响强度比无声速梯度时接收到的混响强度小。

参 考 文 献

[1] Wu J R, Gao T F, Shang E C. Reverberation intensity decaying in range-dependent waveguide. Journal of Theoretical and Computational Acoustics，2019，27（3）：1950007.

[2] Ellis D D，Preston J R. Comparison of model predictions with reverberation and clutter data in a range-dependent shallow water area. The 1st Underwater Acoustic Conference and Exhibition Proceedings，2013：465-472.

[3] Harrison C H. Closed-form expressions for ocean reverberation and signal excess with mode-stripping and Lambert's law. The Journal of the Acoustical Society of America，2003，114（5）：2744-2756.

[4] 王龙昊，秦继兴，傅德龙，等. 深海大接收深度海底混响研究. 物理学报，2019，68（13）：185-193.

[5]　Tang D J，Jackson D R. Application of small-roughness perturbation theory to reverberation in range-dependent waveguides. The Journal of the Acoustical Society of America，2012，131（6）：4428-4441.

[6]　Ivakin A N. A full-field perturbation approach to scattering and reverberation in range-dependent environments with rough interfaces. The Journal of the Acoustical Society of America，2016，140（1）：657-665.

[7]　Tappert F. Full-wave three-dimensional modeling of long-range oceanic boundary reverberation. The Journal of the Acoustical Society of America，1990，88（S1）：S84.

[8]　Bouchage G，LePage K D. A shallow-water reverberation PE model. Proceedings of the 7th European Conference on Underwater Acoustics，2002：125-130.

[9]　Isakson M J，Chotiros N P. Finite element modeling of reverberation and transmission loss in shallow water waveguides with rough boundaries. The Journal of the Acoustical Society of America，2011，129（3）：1273-1279.

[10]　Shang E C，Gao T F，Wu J R. A shallow-water reverberation model based on perturbation theory. IEEE Journal of Oceanic Engineering，2008，33（4）：451-461.

[11]　Shang E C，Wang Y Y. Acoustic travel time computation based on PE solution. Journal of Computational Acoustics，1993，1（1）：91-100.

[12]　高天赋. 粗糙界面的波导散射和非波导散射之间的关系. 声学学报，1989，14（2）：126-132.

[13]　Zhang Z Y，Tindle C T. Complex effective depth of the ocean bottom. The Journal of the Acoustical Society of America，1993，93（1）：205-213.

[14]　Goff J A，Jordan T H. Stochastic modeling of seafloor morphology：Inversion of sea beam data for second-order statistics. Journal of Geophysical Research：Solid Earth，1988，93（B11）：13589-13608.

[15]　唐应吾. 正声速梯度浅海远程海面混响的平均强度. 地球物理学报，1989，32（6）：667-674.

[16]　吴金荣. 浅海近程混响衰减规律研究. 哈尔滨：哈尔滨工程大学，2002.

[17]　吴金荣，孙辉，黄益旺. 浅海近程混响衰减. 哈尔滨工程大学学报，2002，23（6）：4-8，15.

[18]　刘伯胜，雷家煜. 水声学原理. 2 版. 哈尔滨：哈尔滨工程大学出版社，2010.

第6章 海洋混响信号仿真

海洋混响信号是与发射信号和海洋环境紧密相关的随机信号[1, 2]，混响信号的仿真是混响研究的重要方向，一方面可以促进对海洋混响现象的理解，另一方面有助于主动声呐混响抑制算法的测试与改进[3, 4]。混响信号仿真方法很多，如点散射叠加方法[5, 6]、单元散射叠加方法[7-9]、线性时变混响谱方法[10, 11]、非线性预测方法[12, 13]、全波动预报方法[14]等，前三种混响信号仿真方法应用更为广泛。

如图 6-1 和图 6-2 所示，混响信号采用点散射叠加方法的仿真，假设散射体随机分布，通过对所有散射体散射回波的求和运算完成；而单元散射叠加方法的仿真，假设散射体很小、数目很多、在散射面均匀分布，将散射面划分为若干个散射单元，每个散射单元对应一个散射回波，通过对散射单元散射回波的求和运算完成。早期出现的混响信号仿真模型 REVGEN[6]被称为点散射叠加方法，该模型通过叠加所有点散射体散射回波得到混响信号。此类模型物理意义清晰，并且能够直接控制散射统计特性[15]，具有良好的适应性，然而大量存在的散射体使得模型计算复杂，因此实际应用较少。Etter[2]统计了点散射叠加方法与单元散射叠加方法建立混响模型所占的比例，对于收发合置混响，单元散射模型的数量远远多于点散射模型的数量，尤其在 2003 年以后，这一现象更加显著，根本原因就在于点散射模型计算复杂度高。在单元散射混响模型中，散射波以散射单元为单位统一表达，计算过程中并不关注散射体内部的微观结构，导致模型缺乏灵活性，甚至造成模型不合理。通常情况下，基于散射体独立分布以及数量足够多的假设，认为单元散射回波服从高斯分布[16, 17]，然而，当散射微元内散射体数量较少时，高斯分布假设不成立。

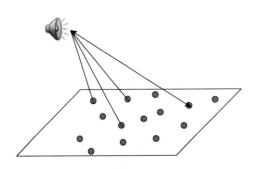

图 6-1 点散射叠加方法示意

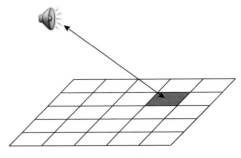

图 6-2 单元散射叠加方法示意

　　点散射叠加方法和单元散射叠加方法的基础都是海洋介质散射特性的离散性，下面分别介绍以离散性为基础的近距离点散射叠加混响信号仿真方法和远距离单元散射叠加混响信号仿真方法。

6.1　近距离点散射混响信号仿真

6.1.1　仿真方法

　　假设海洋介质中的散射体是离散分布的，并用 a_i 和 t_i 表示产生元散射信号的随机振幅和随机瞬时。

　　若发射信号用一时间函数 $s(t)$ 描述，而且每一个单元散射信号以此函数描述，则瞬时 t 在接收点的混响信号（统计学中的一个样本）可以写为

$$F_n(t) = \sum_{i=1}^{n} a_i s(t - t_i) \tag{6-1}$$

　　式（6-1）对应于散射区的所有单元散射回波的总和，这里 t 时刻产生混响的单元散射信号总数 n 也是随机值。

　　下面讨论这一混响模型的合理性。海洋中的散射体，如气泡、鱼、微生物、非均匀性海底底质等，这些散射体的有效散射截面实际上比发射信号在空间所占的距离小得多，其中一些散射体的截面比声波的波长要小，所以从散射体的可能尺寸出发，式（6-1）是正确的，而且具有足够的精度。还有一类散射体尺度很大，如海洋介质的温度非均匀性，统计不平整的海面或海底界面，但是这些散射体的相关半径较小，通常小于波长，特别是低频的情况，所以式（6-1）也是成立的。

　　若在任意一部分空间的单位体积内散射体的平均数为常数，则在瞬时 t 给定时存在一定值 $\langle n_1(t) \rangle$，次值等于单位时间内到达接收点的元散射信号的平均数。

　　一般来说，混响过程的参量 $\langle n_1(t) \rangle$ 与瞬时有关，因为在声传播时散射体积由于波前发散而变化，此外海洋介质的散射特性可能沿空间变化。但是，若发散信号的有效宽度等于 $\delta_\varPhi$，在区间 $(t - \delta_\varPhi / 2, t + \delta_\varPhi / 2)$ 内参量 $\langle n_1(t) \rangle$ 取为常数，并等于 $\langle n_1 \rangle$。

　　在时间 $T \ll t$，即在区间 $(t - T / 2, t + T / 2)$ 内，达到接收点的元散射信号数目 n 服从 Poisson 分布：

$$P(n) = \frac{(\langle n_1 \rangle T)^n}{n!} \exp(-\langle n_1 \rangle T) \tag{6-2}$$

　　在海洋介质散射特性的如下两个假设下，式（6-2）是正确的：

（1）介质中散射体的分布为统计独立的；

（2）对一个相当大的散射区 D，散射体沿空间的平均密度为常数。

混响过程现实 $F_n(t)$ 比式（6-1）更一般的表达式为

$$F_n(t) = \sum_{i=1}^{n} a_i s(t - t_i, \xi_i) \qquad (6\text{-}3)$$

式中，ξ_i 为确定元散射信号特征的随机参量的集合，元散射信号的特征可能与基阵位移、散射体运动、散射体的物理特性及空间分布等有关。这些混响模型包含由海洋介质的各种非均匀性产生的许多有实际意义的声散射情况。

6.1.2　仿真分析

如图 6-3 和图 6-4[16]所示，以海底散射引起的混响为例，海底多点散射回波延时衰减叠加后可以形成混响信号。

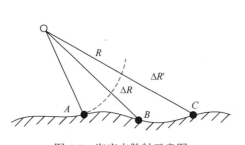

图 6-3　海底点散射示意图

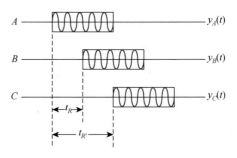

图 6-4　海底点散射信号示意图

如图 6-5 所示，脉冲长度为 τ 的信号，某时刻 t 对混响有贡献的海底散射区域为圆环，图中显示了圆环的一部分。

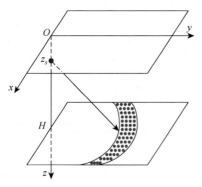

图 6-5　近程海底混响点散射仿真示意图

海深 $H = 100\text{m}$，声源深度为 $z_s = 30\text{m}$，脉冲长度为 $T = 10\text{ms}$，中心频率为 $f_0 = 2\text{kHz}$，采样率为 $f_s = 100\text{kHz}$。首先仿真单频矩形脉冲连续波信号引起的海底混响波形。

连续波脉冲的时间函数可以表示为

$$s(t) = \begin{cases} A\mathrm{e}^{\mathrm{i}2\pi f_0 t}, & t \in [0, T] \\ 0, & \text{其他} \end{cases} \qquad (6\text{-}4)$$

式中，A 为信号的幅度；f_0 为连续波脉冲信号的中心频率；T 为脉冲长度。对于连续波脉冲信号引起的混响波形，可以利用初始信

号的实部进行仿真，考虑传播时间的扰动，将式（6-3）修改为

$$F_n(t) = \sum_{i=1}^{n} a_i s(t - t_i - \xi_i) \qquad (6\text{-}5)$$

这里，声波从信号源到散射点，再回到接收点的传播时间为

$$t_i = 2\sqrt{(H - z_s)^2 + x^2 + y^2}\Big/c \qquad (6\text{-}6)$$

式（6-5）和式（6-6）中，c 为海水中的平均声速；(x, y)为海底散射点的坐标；ξ_i 为各种因素导致的传播时间扰动。

　　假设散射微元规则分布，x 方向上和 y 方向上间隔都是 1m，仿真结果如图 6-6 所示。

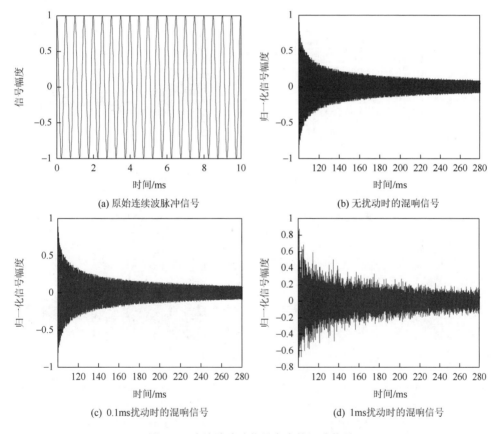

(a) 原始连续波脉冲信号　　　　　　　　(b) 无扰动时的混响信号

(c) 0.1ms扰动时的混响信号　　　　　　(d) 1ms扰动时的混响信号

图 6-6　连续波脉冲信号产生的混响信号

　　假设发射信号为线性调频脉冲信号，其时间函数可表示为

$$s(t) = \begin{cases} A\exp(\mathrm{i}(2\pi f_0 t + \pi k t^2)), & t \in [-T/2, T/2] \\ 0, & \text{其他} \end{cases} \qquad (6\text{-}7)$$

其瞬时频率为

$$f(t) = \frac{1}{2\pi}\frac{\mathrm{d}}{\mathrm{d}t}\varphi(t) = f_0 + kt, \quad t \in [-T/2, T/2] \tag{6-8}$$

式中

$$k = \frac{F}{T} \tag{6-9}$$

为信号频率变化率，或称为调频斜率；F 为信号的调频宽度；T 为脉冲长度。

假设区域内 x 和 y 方向每 1m 一个散射点，以信号发射时间为起始时间，则中心频率为 2000Hz，调频斜率为 k 时，原始调频信号、无扰动时的混响信号以及 0.1ms 时扰动和 1ms 扰动时的混响信号如图 6-7 所示。

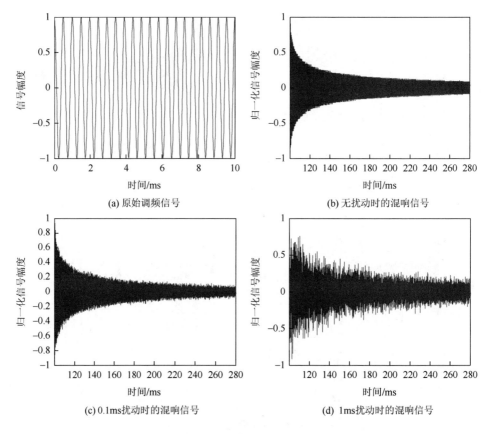

(a) 原始调频信号　　　　　　　　(b) 无扰动时的混响信号

(c) 0.1ms扰动时的混响信号　　　　(d) 1ms扰动时的混响信号

图 6-7　单倍斜率调频信号产生的混响信号

调频斜率为 $3k$ 时，原始调频信号、无扰动时的混响信号以及 0.1ms 扰动时和 1ms 扰动时的混响信号分别如图 6-8 所示。

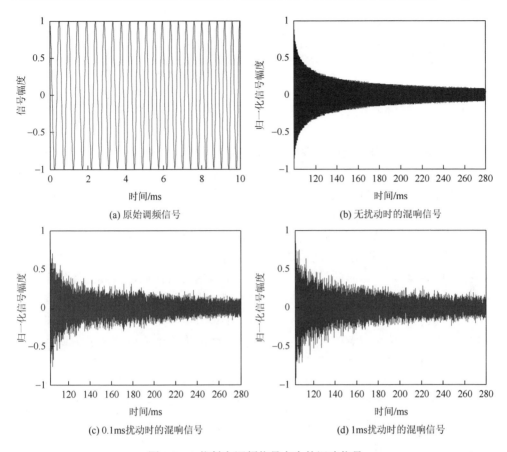

(a) 原始调频信号

(b) 无扰动时的混响信号

(c) 0.1ms扰动时的混响信号

(d) 1ms扰动时的混响信号

图 6-8　3 倍斜率调频信号产生的混响信号

从海底一次反向散射引起的混响信号仿真来看，逼近实际的混响信号需要考虑随机扰动项，扰动大小和具体的海洋环境有关。

上面给出了直达海底的声波引起的海底混响示例，根据实际情况，用同样的方法，可以获得不同途径声波引起的海面混响、海底混响以及体积混响信号。声波传输时间的计算中也可以考虑复杂的水文环境，如跃变层的情况等。

6.2　远距离单元散射混响信号仿真

浅海环境中，海底散射体形成的混响信号会对主动声呐探测目标产生干扰，抗混响技术是主动声呐设计和信号处理的难点。对于目标探测，必须研究抗混响技术来提高信混比，从而达到降低虚警概率的目的；对于目标分类识别，要考虑混响背景中提取目标回波的方法，它是对目标回波进行后续处理的前提。所有这些研究都必须是在充分了解混响和目标回波特征的基础上进行，混响和目标回波特征可以通过对实测信号进行分析来获得，然而，海上实验需要动用大量的人力、物力，代价高昂，风险也较大，作为一个可以替代的方法，对混响信号进行仿真目前正成为声呐仿真技术中的一个重要领域。在充分了解浅海海底和目标散射特性的基础上，结合现有的声传播模型，混响和目标回波信号可以通过计算机仿真获得。

国内外学者对海洋混响仿真技术做了大量研究，混响统计理论模型最早由Faure[18]提出，随后苏联学者Orishevsky[5]和美国学者Middleton[19-22]对该模型进行了系统的讨论，称为FOM混响理论模型（这里FOM为上述三人名字的首字母）。该混响模型的基本思想是，首先产生归一化的平稳随机混响序列，使其包络服从瑞利分布，相位服从均匀分布，然后按照混响强度衰减规律加权得到实际的混响时间序列。文献[23]提出了一种物理意义明确的"网络模型"，将混响信号表示为海底散射序列与发射信号的卷积，并且考虑了风速等海洋环境因素。目前混响序列仿真主要是基于单元散射模型和点散射模型。点散射模型认为海底混响信号是由大量点散射体产生的散射回波的叠加，由于该方法考虑了每个散射体的作用，能够较为准确地仿真混响信号，然而海底散射体的庞大数量也带来了仿真计算的复杂性。单元散射模型认为海底由许多均匀分布的海底微元组成，每个微元包含了大量的散射体，其散射系数由散射体的统计特性确定，幅值服从高斯分布，而相位服从均匀分布。姚万军和蔡志明[24]将简正波理论应用到混响序列的仿真建模中，解决了海底散射信号传播损失的计算问题，可以方便地在混响模型中考虑海底、海面等环境参数。

本节在单元散射模型的基础上，将海底依据其相关半径划分为等面积的散射微元，各个微元散射声波的时域信号为源信号与信道传输函数的卷积，将所有散射微元的散射回波叠加即可生成海底混响信号，方便利用现有的声传播模型，计算相对简单。

6.2.1　单阵元海底混响仿真方法

设海底散射微元 $\mathrm{d}A_j$ 的散射函数为 $S_j(\alpha_m^-,\alpha_n^+,\phi_s)$，根据文献[25]中的理论推导，在单频点源照射下，海底微元 $\mathrm{d}A_j$ 的散射场为

$$p_{sj}(r_1,r_2)=\sum_{m=1}^{M}\sum_{n=1}^{N}A_m(r_1,z_s)\psi_m^-(z_b)S_j(\alpha_m^-,\alpha_n^+,\phi_s)\psi_n^+(z_b)A_n(r_2,z_r) \qquad (6\text{-}10)$$

对于收发合置的情况，可以认为海底散射微元对于混响的贡献只有反向散射，在海底粗糙度各向同性的假设下，散射函数 $S_j(\alpha_m^-,\alpha_n^+,\phi_s)$ 与 ϕ_s 无关，且入射单程 r_1

和散射单程 r_2 的声传播距离相等，则式（6-10）重新简化为

$$p_{sj}(\omega,r) = \sum_{m=1}^{M}\sum_{n=1}^{N} A_m(r,z_s)\psi_m^-(z_b)S_j(\alpha_m^-,\alpha_n^+)\psi_n^+(z_b)A_n(r,z_r) \qquad (6\text{-}11)$$

式（6-11）可以看成海底微元散射声场的信道传输函数，设源信号频谱为 $S(\omega)$，对式（6-11）做傅里叶变换，可以得到任意输入信号下海底微元 $\mathrm{d}A_j$ 的回波时域信号：

$$
\begin{aligned}
p_{sj}(t,r) &= \frac{1}{2\pi}\int_{-\infty}^{+\infty} S(\omega) p_{sj}(\omega,r)\mathrm{e}^{-\mathrm{i}\omega t}\mathrm{d}\omega \\
&= \frac{1}{2\pi}\int_{-\infty}^{+\infty} S(\omega)\sum_{m=1}^{M}\sum_{n=1}^{N} A_m(r,z_s)\psi_m^-(z_b)S_j(\alpha_m^-,\alpha_n^+)\psi_n^+(z_b)A_n(r,z_r)\mathrm{e}^{-\mathrm{i}\omega t}\mathrm{d}\omega \\
&= \frac{\mathrm{i}}{r}\int_{-\infty}^{+\infty} S(\omega)\sum_{m=1}^{M}\sum_{n=1}^{N}\frac{1}{\sqrt{\xi_m\xi_n}}\psi_m(z_s)\psi_m^-(z_b)S_j(\alpha_m^-,\alpha_n^+)\psi_n^+(z_b)\psi_n(z_r)\mathrm{e}^{-(\delta_m+\delta_n)r}\mathrm{e}^{\mathrm{i}(\xi_m+\xi_n)r}\mathrm{e}^{-\mathrm{i}\omega t}\mathrm{d}\omega
\end{aligned}
$$

$$(6\text{-}12)$$

混响信号是对所有对混响有贡献的散射微元时域信号的叠加，计算量较大。为了提高计算效率，对于窄带信号，可以对式（6-12）做进一步简化，认为简正波的本征值、本征函数和衰减系数在频带内变化较小，海底微元散射函数也随频率变化较小，近似认为与中心频率处取值一致，式（6-12）可以重新表述为

$$p_{sj}(t,r) = \frac{\mathrm{i}}{r}\sum_{m=1}^{M}\sum_{n=1}^{N}\frac{\mathrm{e}^{-(\delta_{m0}+\delta_{n0})r}}{\sqrt{\xi_{m0}\xi_{n0}}}\psi_{m0}(z_s)\psi_{m0}^-(z_b)S_j(\alpha_{m0}^-,\alpha_{n0}^+)\psi_{n0}^+(z_b)\psi_{n0}(z_r)\int_{-\infty}^{+\infty} S(\omega)\mathrm{e}^{\mathrm{i}(\xi_m+\xi_n)r}\mathrm{e}^{-\mathrm{i}\omega t}\mathrm{d}\omega$$

$$(6\text{-}13)$$

式中，ξ_{m0}、ψ_{m0}、δ_{m0} 分别为源信号中心频率处第 m 号简正波本征值、本征函数和衰减系数；$S_j(\alpha_{m0}^-,\alpha_{n0}^+)$ 为海底微元在中心频率处的散射函数。对于远程散射微元，与声源距离 r 较大，$\mathrm{e}^{\mathrm{i}(\xi_m+\xi_n)r}$ 项对频率较为敏感，不能用中心频率值直接替代，对本征值在中心频率 ω_0 处做泰勒级数展开：

$$\xi_m = \xi_{m0} + \frac{\partial \xi_m}{\partial \omega}\bigg|_{\omega_0}(\omega-\omega_0) + \frac{1}{2!}\frac{\partial^2 \xi_m}{\partial \omega^2}\bigg|_{\omega_0}(\omega-\omega_0)^2 + \cdots \qquad (6\text{-}14)$$

令指数项 $\eta = (\xi_m+\xi_n)r$，对本征值取一阶近似，则 η 可表示为

$$\eta = (\xi_{m0}+\xi_{n0})r + \left(\frac{r}{c_{gm0}} + \frac{r}{c_{gn0}}\right)(\omega-\omega_0) \qquad (6\text{-}15)$$

式中，c_{gm0}、c_{gn0} 分别为中心频率 ω_0 的第 m 号和第 n 号简正波的群速度。令 $\tau_{gmn0} = \dfrac{r}{c_{gm0}} + \dfrac{r}{c_{gn0}}$，则式（6-13）中积分项可以表示为

$$\int_{-\infty}^{+\infty} S(\omega) \mathrm{e}^{\mathrm{i}(\xi_m + \xi_n)r} \mathrm{e}^{-\mathrm{i}\omega t} \mathrm{d}\omega = \int_{-\infty}^{+\infty} S(\omega) \mathrm{e}^{\mathrm{i}(\xi_{m0} + \xi_{n0})r - \mathrm{i}\omega_0 \tau_{gmn0}} \mathrm{e}^{-\mathrm{i}\omega(t - \tau_{gmn0})} \mathrm{d}\omega$$

$$= \mathrm{e}^{\mathrm{i}(\xi_{m0} + \xi_{n0})r - \mathrm{i}\omega_0 \tau_{gmn0}} \int_{-\infty}^{+\infty} S(\omega) \mathrm{e}^{-\mathrm{i}\omega(t - \tau_{gmn0})} \mathrm{d}\omega$$

$$= 2\pi \mathrm{e}^{\mathrm{i}(\xi_{m0} + \xi_{n0})r - \mathrm{i}\omega_0 \tau_{gmn0}} s(t - \tau_{gmn0}) \quad (6\text{-}16)$$

将式（6-16）代入式（6-13）中，整理得到海底微元的散射声场的近似形式：

$$p_{sj}(t,r) = \sum_{m=1}^{M} \sum_{n=1}^{N} A_{m0}(z_s) \psi_{m0}^-(z_b) S_j(\alpha_{m0}^-, \alpha_{n0}^+) \psi_{n0}^+(z_b) A_{n0}(z_r) \mathrm{e}^{-\mathrm{i}\omega_0 \tau_{gmn0}} s(t - \tau_{gmn0}) \quad (6\text{-}17)$$

t 时刻混响信号为对该时刻混响有贡献的所有微元散射信号的叠加：

$$p_s(t) = \sum_{j=1}^{J} \sum_{m=1}^{M} \sum_{n=1}^{N} A_{m0}(z_s) \psi_{m0}^-(z_b) S_j(\alpha_{m0}^-, \alpha_{n0}^+) \psi_{n0}^+(z_b) A_{n0}(z_r) \mathrm{e}^{-\mathrm{i}\omega_0 \tau_{gmn0}} s(t - \tau_{gmn0}) \quad (6\text{-}18)$$

式中，j 为散射微元 $\mathrm{d}A_j$ 的编号；J 为对 t 时刻混响有贡献的散射微元总数。上述推导表明，窄带信号下海底微元的回波与源信号波形相同，只是幅度、相位经过传播和散射有相应改变，混响信号为大量做相应加权和延时的声源信号的叠加。窄带条件使得各号简正波在频带内变化不大，从而省略掉积分运算，降低了程序复杂度。式（6-18）用离散简正波描述海底微元的入射和散射声场，适用于远程窄带混响信号的仿真计算。

1. 海底微元的划分

对于收发合置海底混响，对 t 时刻混响有贡献的海底散射区域为圆环，海底微元的入射简正波与散射简正波产生耦合效应，混响信号由不同简正波组合 (m,n)（第 m 号简正波入射，第 n 号简正波散射）叠加而成，不同简正波组合的海底散射区域略有差异。如果忽略声场色散效应，认为所有简正波群速度相同，则不同简正波组合具有相同的海底散射圆环，圆环内半径为 $c_g t / 2$，外半径为 $c_g(t + \tau) / 2$，c_g 为平均群速度，τ 为源信号脉宽；假设要计算的混响信号时间段为 $[t_1, t_2]$，对整个混响信号有贡献的海底区域为内径 $c_g t_1 / 2$、外径 $c_g(t_2 + \tau) / 2$ 的圆环。

混响信号是所有海底微元回波信号的叠加，首先计算出每个微元的回波信号，然后将每个微元回波信号按时间顺序叠加。假设每个圆环带内海底微元的方位均匀分布，将海底区域分为 n_1 个等宽度的圆环带，圆环带宽度为海底散射相关半径，每个圆环带又分为 n_2 个微元，每个微元为边长等于相关半径的正方形。

2. 海底散射系数

海底散射系数是混响信号仿真中的一个重要参数，决定了混响信号中各号简正波的能量分布。本节采用 Lambert 散射定律，海底微元 $\mathrm{d}A_j$ 的声压散射系数为

$$S_j(\alpha_{m0}^-, \alpha_{n0}^+) = A_j(m_0, n_0)\,\mathrm{e}^{-\mathrm{i}\omega_0\phi_j(m_0,n_0)}\sqrt{\left|\mu\sin(\alpha_{m0}^-)\sin(\alpha_{n0}^+)\right|\mathrm{d}A_j} \qquad (6\text{-}19)$$

式中，垂直反射系数 μ 满足 $10\lg\mu = -27$，A_j、ϕ_j 为随机幅度和随机相位。在均匀海底环境中，每个散射微元由大量点散射体组成，点散射体的随机特性使得海底微元的散射系数满足一定统计特性，其散射系数幅度满足高斯分布，相位在 $[0, 2\pi]$ 均匀分布。

6.2.2　阵列混响信号仿真

为了获得更多声信道特征和准确的目标位置信息，或者抑制干扰，水声工程中经常采用阵列接收和波束形成技术。垂直阵列和水平阵列是最常采用的两种线阵，在匹配场反演和定位中，利用垂直阵列可以进行目标或声源定位，以及进行声信道信息的反演；在水下对抗中，拖曳接收阵列是主动声呐经常采用的工作方式，目的是利用水平阵列的空间指向性来抑制混响，提高信混比。为了研究混响信号的空间相关特性和阵列技术抑制混响的效果，有必要对阵列接收混响和目标回波信号进行仿真。

1. 垂直阵列接收混响信号

垂直阵列各阵元位于海水不同深度，各阵元与海底微元的水平距离相同，用简正波方法来计算距离无关的海底混响时，远程海底微元产生的回波信号同时到达各个阵元，只是因为各个阵元所处深度的本征向量不同，才导致其混响信号有所差别，因此在水平分层海洋环境中，可以用式（6-17）直接进行垂直阵列接收混响信号的仿真：

$$p_s^k(t) = \sum_{j=1}^{J}\sum_{m=1}^{M}\sum_{n=1}^{N} A_{m0}(z_s)\psi_{m0}^-(z_b)S_j(\alpha_{m0}^-, \alpha_{n0}^+)\psi_{n0}^+(z_b)A_{n0}^k(z_r)\mathrm{e}^{-\mathrm{i}\omega_0\tau_{gmn0}}s(t - \tau_{gmn0}) \qquad (6\text{-}20)$$

式中，k 为垂直阵列各阵元编号。

2. 水平阵列接收混响信号

水平阵列各阵元位于相同深度，阵元的水平位置差异导致混响信号的不同。对于水平阵列和声源位于同一位置的情况，由于产生远程混响的海底微元与收发点相距较远，而各阵元与发射点距离较小，所以仍然可以作为收发合置混响进行仿真。t 时刻海底散射区域为圆环，假设阵元间距为 d，声源 S 位于水平阵列的中点，水平阵列侧射方向为 $\theta = 0°$，如图 6-9 所示，位于方位角 θ 的海底微元 $\mathrm{d}A_j$ 与声源的水平距离为 r_s，与阵元 k 的水平距离为 r_k；设声源位置为原点，阵元 k 的 x 轴坐标为 x_k。海底微元与各接收阵元的水平距离不同，导致各阵元接收混响信号

有所差异，由于 x_k 与 r_k、r_s 相比很小，根据图 6-9 所示几何关系，r_k 可以表示为

$$r_k = r_s - x_k \sin\theta \tag{6-21}$$

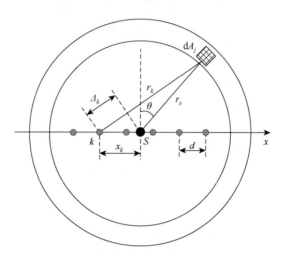

图 6-9　海底散射单元示意图

假设海底微元在散射圆环内均匀分布，将散射圆环按方位角 $\Delta\theta$ 分为 G 份，每份含有 J 个微元，则海底混响信号可以表示为

$$p_s^k(t) = \sum_{g=1}^{G}\sum_{j=1}^{J}\sum_{m=1}^{M}\sum_{n=1}^{N} A_{m0}(z_s)\psi_{m0}^-(z_b)S_j(\alpha_{m0}^-,\alpha_{n0}^+)\psi_{n0}^+(z_b)A_{n0}^g(z_r)\mathrm{e}^{-\mathrm{i}\omega_0\tau_{gmn0}}s(t-\tau_{gmn0})$$

$$\tag{6-22}$$

式中，g 为方位角编号；G 为参与计算的方位角总数，每个方位角 θ 的开角为 $\Delta\theta$，对应着 J 个海底散射微元。式（6-22）中的 $A_{n0}^g(z_r)$、τ_{gmn0} 与方位角有关。

6.2.3　混响信号仿真算例

1. 垂直阵列混响信号仿真

根据 6.2.2 节建立的混响信号仿真模型，可以进行相应的混响信号仿真，考虑距离无关的水平分层海洋环境，海底粗糙度均匀且各向同性，海底建模为无限半空间。仿真参数设置如图 6-10 所示，海深 100m，水层均匀，吸收采用 Thorp 公式计算；海底为沙石海底；接收采用 4 元垂直阵列，阵元深度分别为 20m、40m、60m、80m；声源设为 0dB 全向点源，位于接收阵列中点，深度为 50m；混响信号采样频率 2400Hz，考虑到计算效率，海底微元尺度设为 7.5m；图 6-11 为连续波脉冲的混响信号，频率 200Hz，脉宽 0.1s；图 6-12 为线性调频脉冲的混响信号，中心频率 200Hz，带宽 40Hz，脉宽 0.1s。

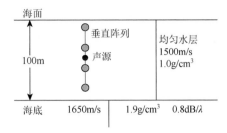

图 6-10　海洋环境和声源、垂直阵列位置示意图

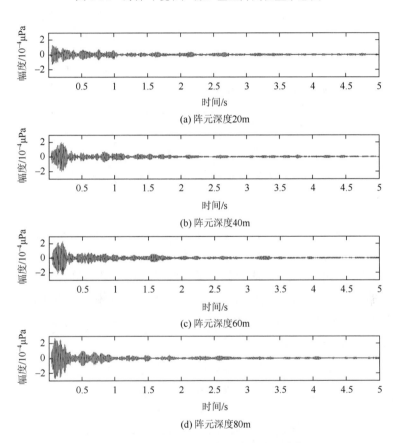

(a) 阵元深度20m

(b) 阵元深度40m

(c) 阵元深度60m

(d) 阵元深度80m

图 6-11　垂直阵列接收的连续波脉冲混响信号

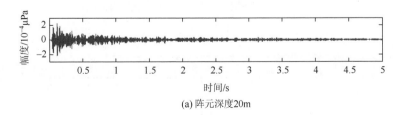

(a) 阵元深度20m

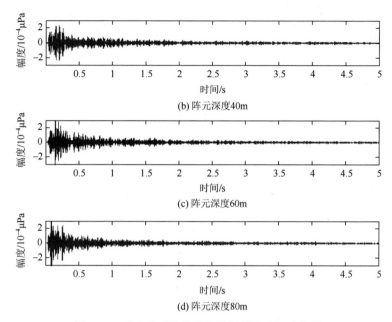

(b) 阵元深度40m

(c) 阵元深度60m

(d) 阵元深度80m

图 6-12　垂直阵列接收的线性调频脉冲混响信号

2. 水平阵列混响信号仿真

仿真参数设置如图 6-13 所示，接收采用 4 元水平阵列，阵元深度 50m，与声源距离分别为−30m、−10m、10m、30m；声源设为 0dB 全向点源，位于过接收阵中点的垂线上，深度 50m；其他参数设置与前面相同。图 6-14 为连续波脉冲产生的混响信号，频率 200Hz，脉宽 0.1s；图 6-15 为线性调频脉冲的混响信号，中心频率 200Hz，带宽 40Hz，脉宽 0.1s。

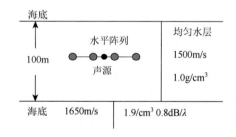

图 6-13　海洋环境和声源、水平阵列位置示意图

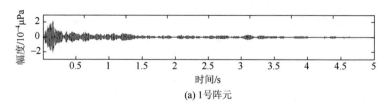

(a) 1号阵元

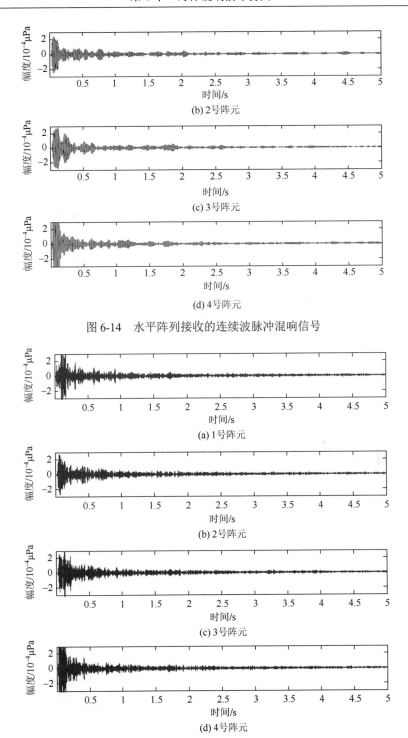

(b) 2号阵元

(c) 3号阵元

(d) 4号阵元

图 6-14　水平阵列接收的连续波脉冲混响信号

(a) 1号阵元

(b) 2号阵元

(c) 3号阵元

(d) 4号阵元

图 6-15　水平阵列接收的线性调频脉冲混响信号

　　对比连续波脉冲和线性调频脉冲产生的混响信号可以看出，相对于线性调频信号，连续波脉冲混响信号随时间起伏较大，这是由海底各微元回波的干涉引起的，而线性调频信号频带较宽，干涉程度低。

6.2.4　仿真混响信号特征检验

　　图 6-16 为 50m 深度发射、40m 深度接收的线性调频脉冲混响信号，其他参数与前面相同，图 6-17 为连续波脉冲混响信号特征检验。浅海混响本质上是由海底大量散射体产生的随机信号，一般情况下，由于散射体位置的随机分布以及散射体对散射信号的随机幅相调制，混响信号的瞬时幅度服从高斯分布，而包络幅度服从瑞利分布。由图 6-16 和图 6-17 可见，仿真混响信号的幅值统计特性和理论值较为一致，由于连续波混响起伏较大，其瞬时概率密度和包络概率密度的方差较大。根据混响相关特征的理论分析[26]，混响信号的时间相关半径与带宽成反比，对比图 6-16（b）、（d）和图 6-17（b）、（d）可以看出，线性调频脉冲混响信号的时间相关半径小于连续波脉冲混响信号的相关半径，仿真结果符合理论预测。图 6-16 和图 6-17 的仿真混响经过了中心频率 1/3 倍频的带通滤波，对比源信号和混响信号频谱，混响信号的频谱与源信号频谱相一致。

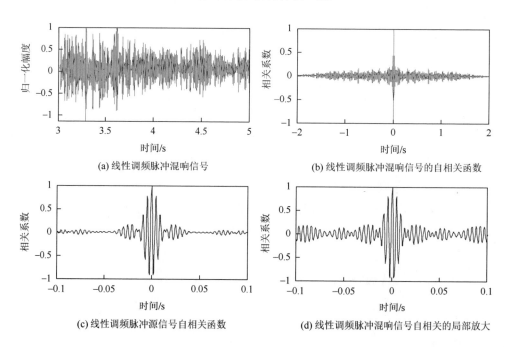

(a) 线性调频脉冲混响信号　　　　　　　　(b) 线性调频脉冲混响信号的自相关函数

(c) 线性调频脉冲源信号自相关函数　　　　　(d) 线性调频脉冲混响信号自相关的局部放大

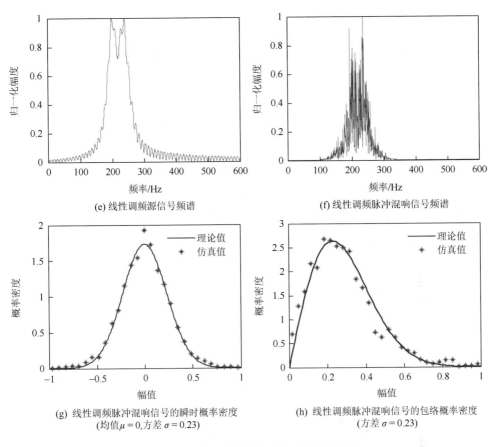

(e) 线性调频源信号频谱

(f) 线性调频脉冲混响信号频谱

(g) 线性调频脉冲混响信号的瞬时概率密度
(均值 $\mu = 0$,方差 $\sigma = 0.23$)

(h) 线性调频脉冲混响信号的包络概率密度
(方差 $\sigma = 0.23$)

图 6-16　线性调频脉冲混响信号的特征检验

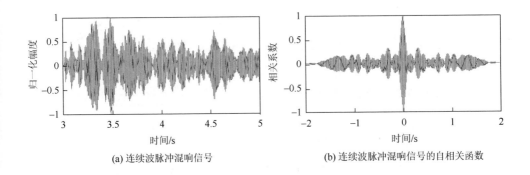

(a) 连续波脉冲混响信号

(b) 连续波脉冲混响信号的自相关函数

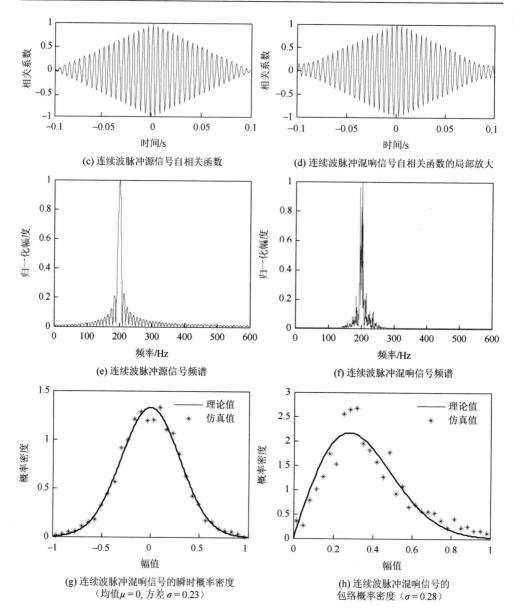

(c) 连续波脉冲源信号自相关函数　　　(d) 连续波脉冲混响信号自相关函数的局部放大

(e) 连续波脉冲源信号频谱　　　　　　(f) 连续波脉冲混响信号频谱

(g) 连续波脉冲混响信号的瞬时概率密度　　(h) 连续波脉冲混响信号的
（均值$\mu=0$，方差$\sigma=0.23$）　　　　　包络概率密度（$\sigma=0.28$）

图 6-17　连续波脉冲混响信号的特征检验

　　该方法利用简正波理论，对收发合置条件下垂直阵列和水平阵列接收混响信号的仿真方法进行了初步探讨，将混响信号表示为海底大量随机散射单元散射回波的叠加，在窄带条件下，各散射单元回波与源信号波形相同，只是在幅度和相位做相应的调制，混响信号即不同延时的海底散射回波的叠加，因此其频谱和时间相关特性与源信号基本一致。由于大量散射体回波叠加导致的混响随机特性，其瞬时幅度服从高斯分布，而包络幅度服从瑞利分布，通过对典型海洋环境下连续波脉冲和线性调频脉冲的混响信号进行仿真，表明仿真混响的统计特性符合理论预测，证明该仿真方法是合理的。

混响计算方法是以简正波理论为基础，在计算海底混响时做了窄带近似，适用于浅海远程条件下低频窄带混响信号的仿真。作为海上实验的替代手段，混响信号仿真可以为阵列增强信混比研究提供相应的参考数据。

参 考 文 献

[1]　尤立克. 水声原理. 3 版. 洪申，译. 哈尔滨：哈尔滨船舶工程学院出版社，1990.

[2]　Etter P C. Underwater Acoustic Modeling and Simulation. 4th ed. New York：CRC Press，2013.

[3]　刘孟庵. 水声工程. 杭州：浙江科学技术出版社，2003.

[4]　郭熙业. 主动声呐海底混响信号的合成方法研究. 长沙：国防科学技术大学，2010.

[5]　奥里雪夫斯基. 海洋混响的统计特性. 罗耀杰，译. 北京：科学出版社，1977.

[6]　Princehouse D. REVGEN, a real-time reverberation generator. IEEE International Conference on Acoustics，Speech，and Signal Processing，1977：827-835.

[7]　Hodgkiss W. An oceanic reverberation model. IEEE Journal of Oceanic Engineering，1984，9（2）：63-72.

[8]　Guo X Y，Su S J，Wang Y K. Simulation of reverberation time series based on multipath propagation theory. The 9th International Conference on Electronic Measurement & Instruments，2009：785-788.

[9]　Huang J G，Cui X D，Wang R H. Modeling and simulation of space-time reverberation for active sonar array. IEEE Region Ten Conference，2011：2083-2086.

[10]　Chamberlain S，Galli J. A model for numerical simulation of nonstationary sonar reverberation using linear spectral prediction. IEEE Journal of Oceanic Engineering，1983，8（1）：21-36.

[11]　方世良. 海洋混响信号的序贯仿真. 声学技术，1996，15（3）：101-104.

[12]　蔡志明，郑兆宁，杨士莪. 水中混响的混沌属性分析. 声学学报，2002，27（6）：497-501.

[13]　甘维明，李风华. 海洋混响信号的自适应非线性预测. 声学学报（中文版），2008，33（4）：310-315.

[14]　吴金荣. 混响信号仿真研究进展. 北京：中国科学院声学研究所，2012.

[15]　Abraham D A，Lyons A P. Simulation of non-Rayleigh reverberation and clutter. IEEE Journal of Oceanic Engineering，2004，29（2）：347-362.

[16]　徐新盛，张燕，李海森，等. 海底混响仿真研究. 声学学报，1998，23（2）：141-148.

[17]　赵申东，唐劲松，蔡志明. 任意阵型混响仿真及检验. 武汉理工大学学报（交通科学与工程版），2009，33（1）：173-176.

[18]　Faure P. Theoretical model of reverberation noise. The Journal of the Acoustical Society of America，1964，36（2）：259-266.

[19]　Middleton D. A statistical theory of reverberation and similar first-order scattered fields：Part Ⅰ. Waveforms and the general process. IEEE Transactions on Information Theory，1967，13（3）：372-392.

[20]　Middleton D. A statistical theory of reverberation and similar first-order scattered fields：Part Ⅱ. Moments, spectra and special distributions. IEEE Transactions on Information Theory，1967，13（3）：393-414.

[21]　Middleton D. A statistical theory of reverberation and similar first-order scattered fields：Part Ⅲ. Waveforms and fields. IEEE Transactions on Information Theory，1972，18（1）：35-67.

[22]　Middleton D. A statistical theory of reverberation and similar first-order scattered fields: Part IV. Statistical models. IEEE Transactions on Information Theory，1972，18（1）：68-90.

[23]　张明辉. 三维环境海洋混响强度衰减规律研究. 哈尔滨：哈尔滨工程大学，2005.

[24]　姚万军，蔡志明. 基于简正波的浅海混响序列仿真. 声学技术，2009，28（1）：25-28.

[25]　Makris N C，Ratilal P. A unified model for reverberation and submerged object scattering in a stratified ocean waveguide. The Journal of the Acoustical Society of America，2001，109（3）：909-941.

[26]　金国亮. 均匀浅海远程平均混响强度. 声学学报，1980，5（4）：279-285.

索　引

彩　　图

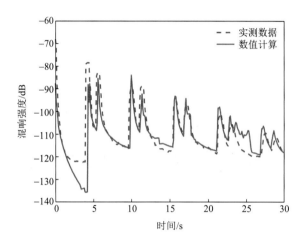

图 1-2　大接收深度混响强度数值计算与实验结果对比

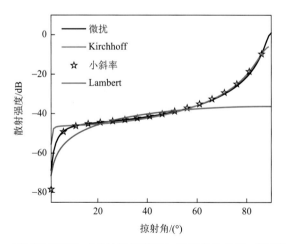

图 4-2　不同散射理论对应的散射强度与掠射角的关系（泥质海底）

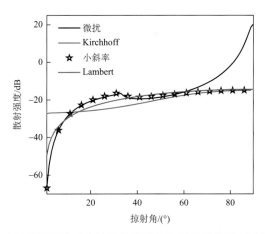

图 4-3　不同散射理论对应的散射强度与掠射角的关系（沙质海底）

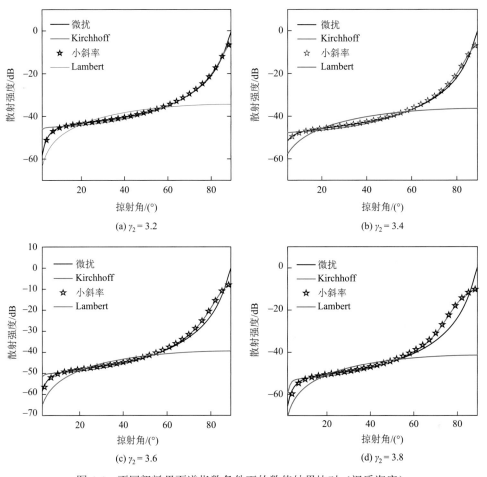

(a) $\gamma_2 = 3.2$

(b) $\gamma_2 = 3.4$

(c) $\gamma_2 = 3.6$

(d) $\gamma_2 = 3.8$

图 4-4　不同粗糙界面谱指数条件下的数值结果比对（泥质海底）

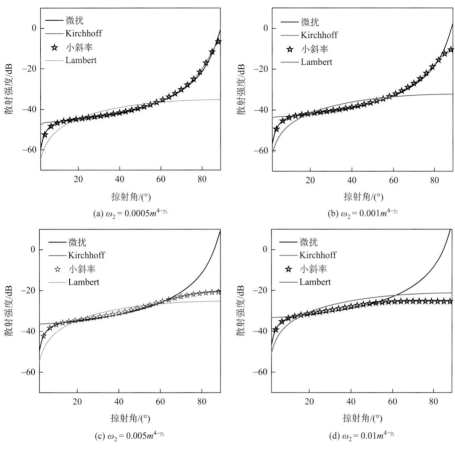

(a) $\omega_2 = 0.0005m^{4-\gamma_2}$

(b) $\omega_2 = 0.001m^{4-\gamma_2}$

(c) $\omega_2 = 0.005m^{4-\gamma_2}$

(d) $\omega_2 = 0.01m^{4-\gamma_2}$

图 4-5 不同粗糙界面谱强度条件下的数值结果比对（泥质海底）

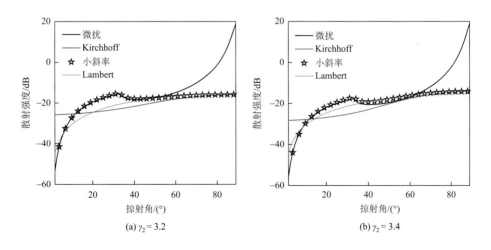

(a) $\gamma_2 = 3.2$

(b) $\gamma_2 = 3.4$

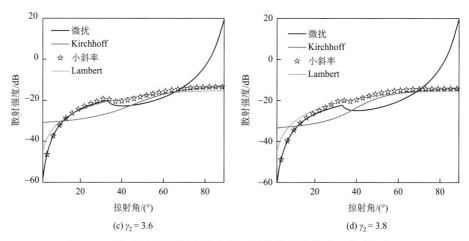

(c) $\gamma_2 = 3.6$ (d) $\gamma_2 = 3.8$

图 4-6   不同粗糙界面谱指数条件下的数值结果比对（沙质海底）

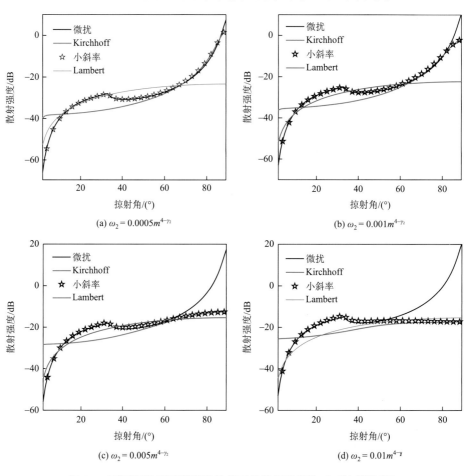

(a) $\omega_2 = 0.0005m^{4-\gamma_2}$ (b) $\omega_2 = 0.001m^{4-\gamma_2}$

(c) $\omega_2 = 0.005m^{4-\gamma_2}$ (d) $\omega_2 = 0.01m^{4-\gamma_2}$

图 4-7   不同粗糙界面谱强度条件下的数值结果比对（沙质海底）

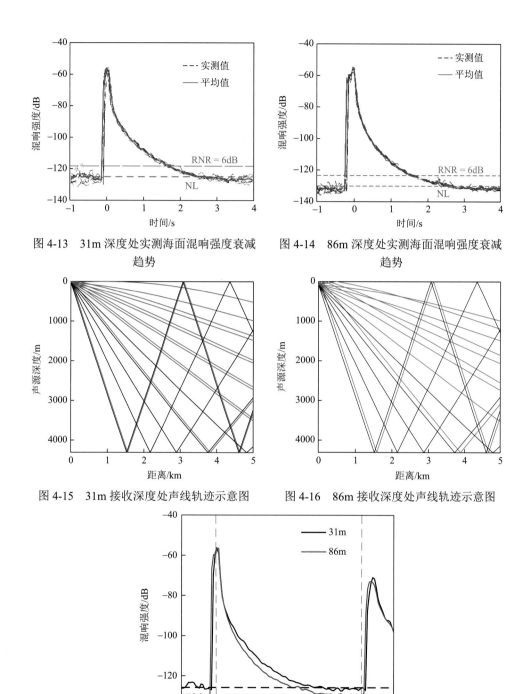

图 4-13　31m 深度处实测海面混响强度衰减趋势

图 4-14　86m 深度处实测海面混响强度衰减趋势

图 4-15　31m 接收深度处声线轨迹示意图

图 4-16　86m 接收深度处声线轨迹示意图

图 4-17　不同接收深度间实测混响数据比对

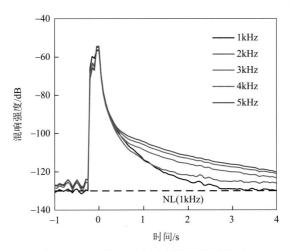

图 4-18 不同频率间实测混响数据比对

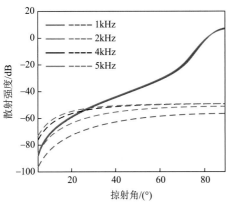

图 4-19 不同频率下气泡和界面反向散射强
度随掠射角变化关系

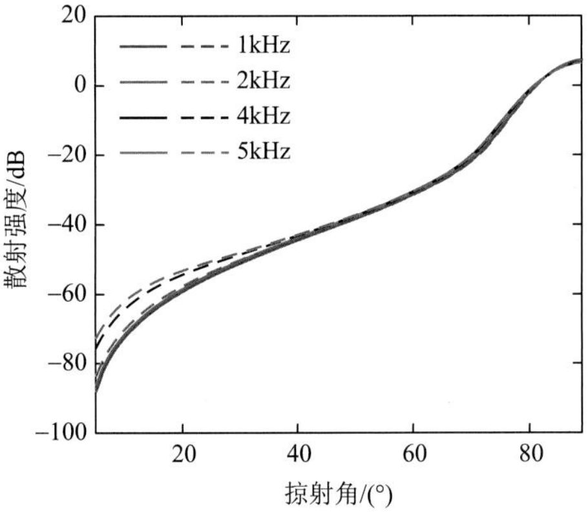

图 4-20 不同频率下界面和总反向散射强度
随掠射角变化关系

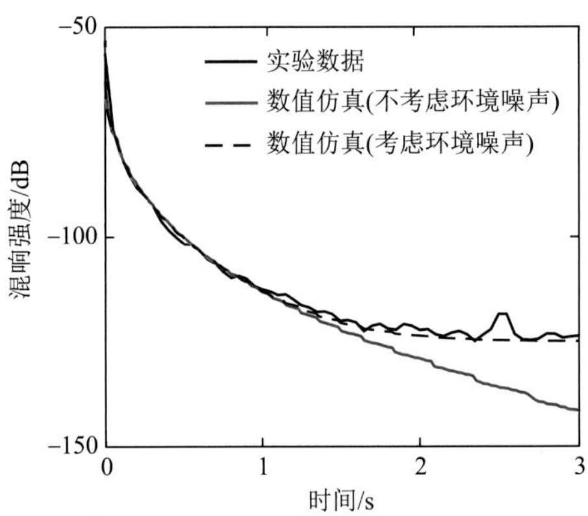

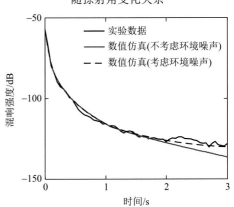

图 4-21 31m 深度处接收海面混响强度拟合

图 4-22 86m 深度处接收海面混响强度拟合

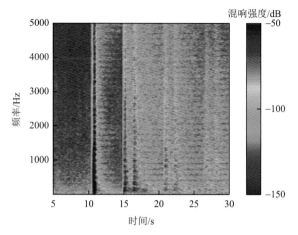

图 4-25 实测混响时频图（86m）

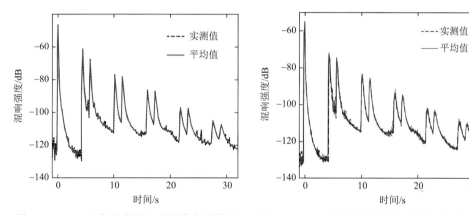

图 4-26 31m 深度处实测混响强度衰减趋势   图 4-27 86m 深度处实测混响强度衰减趋势

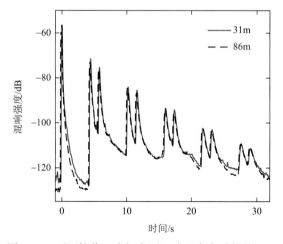

图 4-28 不同接收深度间实测混响强度衰减趋势比对

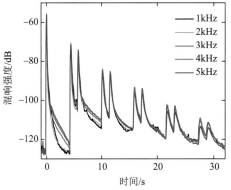

图 4-29　31m深度处不同频率间实测混响数据
比对

图 4-30　86m深度处不同频率间实测混响数据
比对

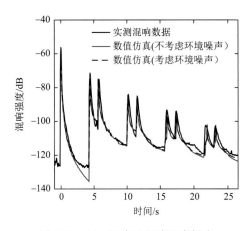

图 4-33　31m深度处混响强度拟合

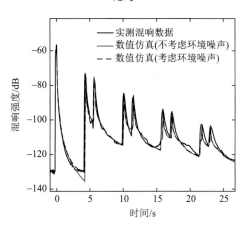

图 4-34　86m深度处混响强度拟合

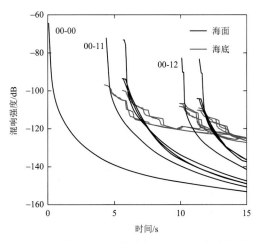

图 4-37　海面、海底单路径混响强度衰减趋势